Krondorfer – Gasperl – Zöscher

ZEITGEMÄSSE WALDWIRTSCHAFT

Leopold Stocker Verlag
Graz – Stuttgart

Titelbild: Martin Krondorfer

Bildnachweis:
Ing. Rudolf Handstanger/DI Johannes Schantl/Dr. Rudolf Schwarz/DI Martin Krondorfer: S. 11, 12 re o, 13, 18, 19, 20, 21, 22, 23, 25, 28 li, 30, 31, 32 li o, 33, 34, 35, 36, 37 (bis auf re o), 38 2. v. o., 42, 43, 44, 45 li o u. re u, 48 u, 49 li, 51 li, 53 re u, 54, 55 Mi u. u, 59 o, 61 u, 71, 73 o u. Mi, 74 re, 90, 91, 92 o, 96, 97, 99, 100 re, 103 u, 109, 110, 111, 125 u, 126 re, 127 u; DI Martin Krondorfer: S. 12 li u, 28 re, 37 re o, 38 2. v. u., 40, 41, 45 re o, 48 o, 49 re, 50 li, 52, 53 li o, 55 re o, 58, 59 Mi, 60 li, 61 o, 62, 72, 73 re, 74 li, 83 u, 95, 103 o, 104, 125 o, 126 u, 127 o, 128 u
DI Hubert Gasperl: S. 32 re o u. u, 140, 153; DI Johann Zöscher: S. 67, 92 u, 94, 98, 100 li; Forstliche Ausbildungsstätte Pichl: S. 60 re; Bundesforschungszentrum für Wald (bfw.ac.at): S. 65, 76, 77, 80, 81, 82, 84, 124, 126 li, 128 o, 129, 131 re, 132; Forstabteilung der LK Steiermark: S. 104

Grafiken und Videos:
Die Grafiken stammen, so ebendort nicht anders angegeben, von der Fa. Datagraph Computergrafik Ges.m.b.H., Gregor-Mendel-Straße 4, 1180 Wien, Mag. Ivo Monnerjahn
DI Johann Zöscher: S. 66
Die Videos (Links auf S. 8) wurden dem Verlag dankenswerterweise vom Bundesforschungszentrum für Wald zur Verfügung gestellt.

Autoren:
Dipl.-Ing. Martin Krondorfer, Forstliche Ausbildungsstätte Pichl, Steiermark
Dipl.-Ing. Johann Zöscher, Forstliche Ausbildungsstätte Ossiach des BFW, Kärnten
Dipl.-Ing. Hubert Gasperl, Landwirtschaftliche Fachschule Grottenhof, Steiermark

Autorenteam des Vorgängerbuches:
Ing. Rudolf Handstanger, Dipl.-Ing. Johannes Schantl,
Dr. Rudolf Schwarz, Dipl.-Ing. Martin Krondorfer

Hinweis:
Dieses Buch wurde auf chlorfrei gebleichtem Papier gedruckt. Die zum Schutz vor Verschmutzung verwendete Einschweißfolie ist aus Polyethylen chlor- und schwefelfrei hergestellt. Diese umweltfreundliche Folie verhält sich grundwasserneutral, ist voll recyclingfähig und verbrennt in Müllverbrennungsanlagen völlig ungiftig.

Buch-Nr. 46-2260

Krondorfer u. a.
ZEITGEMÄSSE WALDWIRTSCHAFT

ISBN 978-3-7020-1723-1

INHALT

VIDEOS: FÄLLMETHODEN

Mit den folgenden QR-Codes und Links (auf Groß-/Kleinschreibung achten!) erhalten Sie Zugang zu den Videos von verschiedenen Fällmethoden vom Bundesforschungszentrum für Wald.

Fallkerb anlegen
https://youtu.be/slenpqlcRMY

Splintschnitte setzen
https://youtu.be/1kTByFuMrGE

Fällschnitt Fächerschnitt
https://youtu.be/E6Pqa6Ctyko

Vorhänger
https://youtu.be/OM8JPmMpLx4

Seithänger
https://youtu.be/u7FoqAlBOzg

Rückhänger
https://youtu.be/lgulcmbo5QQ

Herzstich
https://youtu.be/V-eszgJchu4

V-Schnitt
https://youtu.be/JXGiAkxXKok

Fällheberfällung links beginnend
https://youtu.be/LMNQtjgztDE

Schrägschnitt Ebene und Hang
https://youtu.be/M8cjg97gkX8

Hebelmethode
https://youtu.be/BiArc2gMqJo

Scheitelmethode
https://youtu.be/PMfJgo5DDH8

Schwingmethode
https://youtu.be/7TBJupb4bhM

1. BEDEUTUNG DES WALDES

Ursprünglich war der Wald die stärkste natürliche Vegetationsform der Erde. Heute ist nur noch ein Viertel der Landfläche mit Wald bedeckt. Abholzen der tropischen Regenwälder und Waldsterben in den Industriestaaten gefährden weltweit die ökonomischen und ökologischen Funktionen des Waldes. Alle Maßnahmen zu seiner Erhaltung sind daher für die Menschheit von großer Bedeutung. Das strenge Österreichische Forstgesetz zielt genau darauf ab.

1.1 VERBREITUNG

Der Wald der Erde erstreckt sich vorwiegend auf eine nördliche – immergrüner Nadel- und Laubmischwald – und eine südliche Zone – tropischer Regen- und Savannenwald. Zwei Drittel der Wälder bestehen aus Laubbäumen. Der Nadelbaumanteil befindet sich überwiegend im nördlichen Waldgürtel.

Nach Amerika ist Europa mit durchschnittlich einem Drittel Waldflächenanteil der waldreichste Kontinent.

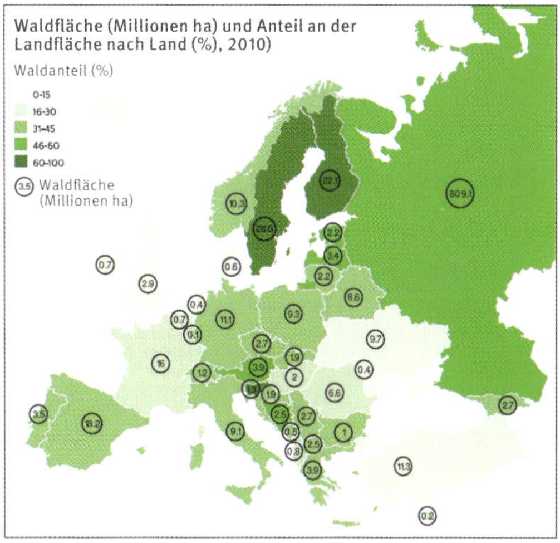

Waldverbreitung auf der Erde
Quelle: EFI (European Forest Institute)

Waldflächen im internationalen Vergleich – Wald in EU-Ländern und anderen

Länder	Waldfläche		Waldbesitz	Holzvorrat	Zuwachs	Nutzung
	in Mio. ha	in % der Staatsfläche	Privateigentum %	in Mio. Festmeter	in Mio. Festmeter	in Mio. Festmeter
Belgien	0,7	24	53	175	5	0
Bulgarien	3,9	35	12	767	14	6
Dänemark	0,6	15	74	133	6	3
Deutschland	11,4	33	48	3.663	119	52
Estland	2,4	57	46	494	12	10
Finnland	22,4	76	69	2.449	93	61
Frankreich	17,2	32	72	3.056	83	51
Griechenland	3,9	50	–	192	5	1
Irland	0,8	12	47	122	7	3
Italien	9,6	38	63	1.424	33	5
Kroatien	1,9	44	29	427	8	5
Lettland	3,4	56	48	672	20	13
Litauen	2,2	36	38	559	11	7
Luxemburg	0,1	34	54	35	1	0

Länder	Waldfläche		Waldbesitz	Holzvorrat	Zuwachs	Nutzung
	in Mio. ha	in % der Staatsfläche	Privat-eigentum %	in Mio. Festmeter	in Mio. Festmeter	in Mio. Festmeter
Malta	0	0	0	0	0	0
Niederlande	0,4	11	51	83	3	2
Österreich	**4**	**47,6**	**81,9**	**1.173**	**29,7**	**26**
Polen	9,5	31	19	2.730	62	42
Portugal	3,3	54	97	172	19	12
Rumänien	6,9	30	33	2.355	29	15
Schweden	28	75	78	3.654	79	81
Slowakei	1,9	40	33	538	14	9
Slowenien	1,2	63	76	414	9	5
Spanien	18,6	55	71	1.109	36	18
Tschechien	2,7	35	24	791	20	16
Ungarn	2	24	42	397	10	6
Zypern	0,2	42	31	12	0	0
EU-27	**159,2**	**39**	**48**	**27.596**	**728**	**451**
Kanada	347	38	8	4.5107	–	179
Russland	815	50	–	8.1071	–	186
USA	310	34	58	41.269	–	462

(Quelle: EuroStat 2011, ÖWI 2007/09)

Österreich hat eine Waldfläche von 3.924.000 ha, dies entspricht einem Anteil von knapp 48 % des Bundesgebietes.

Damit zählt Österreich nach Finnland (77 %) und Schweden (76 %) zu den waldreichsten Ländern Europas. Der Wald ist in unserem Land nicht gleichmäßig verteilt. Hohe Waldanteile finden sich an den Berghängen des alpinen Bereiches und in den Mittelgebirgen.

In den für die Landwirtschaft günstigen Gebieten wurde der Wald schon in früheren Zeiten bis auf Reste zurückgedrängt. Ausgesprochen waldarme Gebiete liegen daher im sommerwarmen Osten, aber auch im Hochgebirge, wo die natürliche Waldgrenze durch ehemals intensive Almweidenutzung oft stark nach unten verlagert wurde. Mit der zunehmenden Erwärmung der Erde und dem Rückgang der Almwirtschaft wandert der Wald seit Jahrzehnten wieder sichtbar nach oben, die obere Waldgrenze steigt.

Waldanteil pro Fläche und Bäume pro Einwohner im jeweiligen Bundesland

Steiermark	61,4 %	705
Kärnten	61,2 %	1.009
Salzburg	52,5 %	498
Oberösterreich	41,6 %	304
Tirol	41,2 %	455
Niederösterreich	40,0 %	481
Vorarlberg	37,4 %	135
Burgenland	33,9 %	559
Wien	21,5 %	5

Bewaldungsdichte der Bundesländer
Quelle: ÖWI 2007–2009; ProHolz Austria

1.2 WIRKUNGEN DES WALDES

Der Wald erfüllt eine Vielzahl wichtiger Wirkungen für die Gesellschaft, den Eigentümer und die Umwelt.

1.2.1 Nutzwirkung

Unter der Nutzwirkung versteht man laut Forstgesetz die „wirtschaftlich nachhaltige Hervorbringung des Rohstoffes Holz" (ForstG § 6 (2a)).

Das Hauptprodukt des Waldes ist das **Holz**. Dieses findet vorwiegend als Schnittware (Bauholz, Bretter usw.) in der Bauwirtschaft und in verschiedenen holzverarbeitenden Zweigen des Gewerbes und der Industrie (Möbel, Kisten usw.) sowie als Ausgangsmaterial für die Herstellung von Papier, Pappe, Faserplatten, Zellstoff (Schleif- und Faserholz) usw. Verwendung. Im Interesse des Schutzes unserer Umwelt sollte das Holz wieder mehr als nachwachsender, ökologischer Energieträger verwendet werden. Holz ist ein „sauberer" Brennstoff, der keine Schwefeloxide produziert und CO_2-Bilanz-neutral verbrennt. Das bedeutet, dass durch die Verbrennung nicht mehr CO_2 entsteht, als im Ausgangsprodukt gespeichert ist.

In Österreich wird ein beträchtlicher Teil des Holzes, meist in verarbeitetem Zustand, ins Ausland exportiert. Die Waldnutzung sichert nicht nur den Waldeigentümern ein entsprechendes Einkommen, sondern darüber hinaus auch allen jenen Menschen, die in holzverarbeitenden Betrieben Arbeit finden. Der Wohlstand des österreichischen Volkes hängt nicht unwesentlich von seiner Waldwirtschaft ab.

Holz, ein dem natürlichen Kreislauf entnommener Rohstoff

> Der Wald liefert den wertvollen Rohstoff Holz und sichert vielen Menschen ein Einkommen.

Der Wald ist Lebensraum für das Wild. Dieses erzeugt bei einer Überpopulation Wildschäden durch Verbiss (Abfressen der Triebe und Knospen), das Fegen (Abschaben der Rinde junger Bäume durch Geweih und Horn) sowie durch Schälung (Abfressen der Rinde bei mittelalten Baumbeständen). Baumartenverarmung, Zuwachsverluste und Holzzerstörung können die Folge sein. Deshalb ist der Wildstand den ökologischen Rahmenbedingungen anzupassen, damit Wald gleichzeitig Wirtschaftsraum und attraktiver, artenreicher Lebensraum sein kann. Zu den Produkten des Waldes zählen neben dem Hauptprodukt Holz auch Beeren und Pilze.

1.2.2 Schutzwirkung

Unter der Schutzwirkung versteht man insbesondere den „Schutz vor Elementargefahren und schädigenden Umwelteinflüssen sowie die Erhaltung der Bodenkraft gegen Bodenabschwemmung und -verwehung, Geröllbildung und Hangrutschung" (ForstG §6 (2b)). Der Wald schützt die Kulturlandschaft besonders in Gebirgsländern vor Wildbächen, Hangabrutschungen, Muren und Lawinen, vermindert Hochwassergefahren und trägt zur Verbesserung des Kleinklimas und zum Erhalt der Bodenkraft bei.

Man unterscheidet zwei Arten von Schutzwäldern:

- **Standortsschutzwald:** Wald, der sich selbst und den Boden, auf dem er stockt, vor abtragenden und schädigenden Kräften schützt.
- **Objektschutzwald:** Wald, der menschliche Infrastruktur (Siedlungen, Straßen, Eisenbahnlinien, Schipisten ...) schützt.

> Der Wald schützt die Kulturlandschaft vor schädlichen Einflüssen. Wo er fehlt, sind technische Schutzbauten notwendig, z. B. Lawinenverbauung.

1.2.3 Wohlfahrtswirkung

Unter der Wohlfahrtswirkung versteht man den „Einfluss auf die Umwelt, und zwar insbesondere auf den Ausgleich des Klimas und des Wasserhaushaltes, auf die Reinigung und Erneuerung von Luft und Wasser“ (ForstG § 6(2c)).

Aufgrund seiner großen Assimilationsfläche („grüne Krone“) ist der Wald ein bedeutender Sauerstoffproduzent. Er bindet eine große Menge Kohlendioxid und wandelt es chemisch um. Damit ist Wald die sauberste chemische Fabrik und wirkt damit der globalen Erwärmung entgegen. Die besondere Fähigkeit des Waldbodens, Wasser zu halten, führt dazu, dass Regen und Schnee in großen Mengen aufgefangen werden und dass das Wasser nur allmählich aus dem Boden abfließt. Dies ist für die Trinkwasserversorgung besonders wichtig. In Wasserschutzgebieten und deren Einzugsgebieten ist die Bewirtschaftung des Waldes besonders vorsichtig umzusetzen.

Der Wald als Produzent von Sauerstoff und als Regulator des Wasserhaushaltes übt einen positiven Einfluss auf das Klima aus und vermindert den Lärm in beträchtlichem Ausmaß.

Die Wohlfahrtsfunktion – positiver Einfluss des Waldes auf Luft, Wasser und Klima. Viele Menschen nützen in ihrer Freizeit den Wald zur Erholung.

Unbezahlbare Schutzfunktion des Waldes in alpinen Lagen

1.2.4 Erholungswirkung

Die Erholungswirkung ist „die Wirkung des Waldes als Erholungsraum für Waldbesucher“ (ForstG § 6 (2d)).

Der Wald wird in zunehmendem Ausmaß die wichtigste und beliebteste Erholungslandschaft. Die Verstädterung führt dazu, dass immer mehr Menschen die Flucht vor Lärm, Abgasen, Staub und schlechter Luft ergreifen. Sie suchen die Verbundenheit mit der Natur und finden sie im Wald, der ihnen noch eine Vielfalt von Pflanzen und Tieren, von reinem Wasser und fast unberührter landschaftlicher Schönheit bietet. Vielfach wird dabei vergessen, dass im Wald Erholungssuchende fremdes Eigentum nutzen. Österreichs Wald ist „geöffnet“, das heißt, dass bis auf wenige Ausnahmen der Wald zu Erholungszwecken betreten werden darf. Eine darüber hinausgehende Nutzung (Mountainbiking, das Befahren mit Autos, reiten ...) sind an die Zustimmung des Grundeigentümers gebunden!

Zunehmend wird man sich auch der gesundheitlichen Wirkungen des Waldes bewusst.

Alle vier beschriebenen Waldfunktionen müssen laut Forstgesetz „bestmöglich zur Geltung kommen und sichergestellt“ sein.

1.3 BEWIRTSCHAFTUNG

Seit Jahrhunderten wird der Wald in Österreich wirtschaftlich genutzt. Die Nutzung erfolgt nachhaltig, das heißt, dass nicht mehr geschlägert wird, als nachwächst. Die unterschiedlichen Standortverhältnisse, bedingt durch Seehöhe, Geländeneigung, Niederschlagsmengen usw., führen zu sehr unterschiedlichen Wuchs- und Ertragsverhältnissen. Rund die Hälfte der Waldfläche wird von bäuerlichen Waldbesitzern bewirtschaftet.

1.3.1 Intensität

Der österreichische Wald kann zum Großteil voll bewirtschaftet werden (Wirtschaftswald).

In den alpinen Hochlagen und schroffen Gebirgstälern befinden sich vor allem im Bereich der Wald- und Baumgrenze **Standorts- und Objektschutzwälder**, in denen eine Holznutzung nur zum Teil erlaubt ist. Den größten Schutzwaldanteil hat Tirol.

Diese Wälder bedürfen besonderer Obsorge, da hier die Gefahrenherde für die Entstehung von Lawinen, Wildbächen und Muren liegen.

Niederwald

Hochwald

Die in Ertrag stehenden Wälder werden zu 90 % als **Hochwald** bewirtschaftet, das ist ein aus Samen oder durch Aufforstung entstandener Laub- oder Nadelwald. **Niederwald** (aus Stockausschlag entstandener Laubwald) und **Mittelwald** (Mischform von Hoch- und Niederwald) befinden sich überwiegend in den waldarmen Gebieten Niederösterreichs und des Burgenlandes.

1.3.2 Baumartenanteil

Wälder, in denen Laubbäume nicht oder nur zu einem geringen Anteil vorkommen (Nadelwald), sind in Österreich naturbedingt in den Bergregionen sowie im Mühl- und Waldviertel zu finden. In den Ebenen und im Hügelland dominieren die Laubwälder, im Übergangsbereich finden wir Mischwälder.

Wegen seines geringen Ertrages wurde in der Vergangenheit der Laubholzanteil vielfach zurückgedrängt und Fichtenmonokulturen wurden gepflanzt. Oft genug wehrte sich die Natur dagegen durch vermehrtes Schädlingsauftreten sowie durch größere Sturm- und Schneeschäden. Die Fichte ist der „Brotbaum“ der österreichischen Forstwirtschaft. Sie sichert dann nachhaltig den besten Ertrag, wenn sie in Verbindung mit standortgerechten Baumarten vergesellschaftet ist. Die Ergebnisse der Österreichischen Waldinventur, darunter versteht man die periodische Vermessung und wachstumskundliche Erfassung des Waldes, zeigen, dass der Anteil an Mischwäldern und der Anteil an Laubgehölzen steigt.

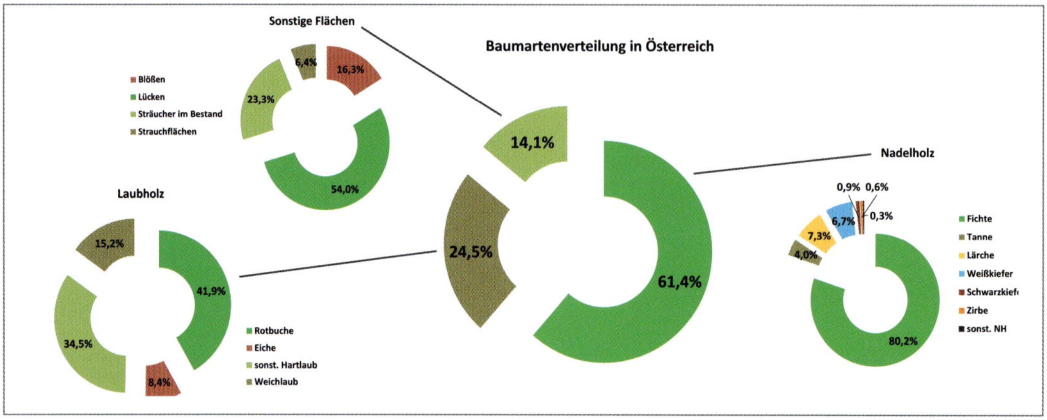

Baumartenanteile im Wirtschaftswald – Waldflächen nach Baumarten – Ertragswald
Quelle: Österreichischer Waldbericht 2015, BMLFUW

1.3.3 Wert und Ertrag

Der wirtschaftliche Wert des Waldes hängt nicht nur von seiner Fläche und seinen Baumarten ab, sondern auch sehr maßgeblich von der Menge an stehendem und jährlich zuwachsendem Holz. Für die Angabe von Holzmengen sind verschiedene Maße üblich. Holz ab 7 cm Durchmesser (Derbholz) wird in Festmetern (fm) angegeben, wobei zwischen Vorratsfestmetern (Vfm) bei stehendem Holz und Erntefestmetern (Efm) bei geschlägertem Holz unterschieden wird. Der Umrechnungsfaktor liegt bei etwa 20 % (abhängig vom Durchmesser des Baumes und der Baumart). Brennholz wird in Raummetern (rm) gemessen, Hackschnitzel in Schüttraummetern (Srm).

1 Vfm = 1 m³ Derbholz mit Rinde, stehendes Holz
1 Efm = 1 m³ geschlägertes, ohne Rinde abgelängtes Derbholz
1 rm = 1 m³ Schichtholz einschließlich Lufträumen
1 Srm = 1 m³ Hackgut oder geschüttetes, ofenfertiges Brennholz

Vielfach wird im Zusammenhang mit geschlägertem Holz nur von fm gesprochen. In diesem Fall sind Efm gemeint.

Um in unseren Wäldern die Nachhaltigkeit zu sichern, wird in größeren Forstbetrieben meist alle zehn Jahre eine Inventur in der Form eines Waldwirtschaftsplanes gemacht und die nutzbare Holzmenge über den **Hiebssatz** bestimmt. Das Bundesforschungszentrum für Wald führt laufend die österreichische Waldinventur durch.

Die gesamte Baummasse des Waldes nennt man Holzvorrat.

In Österreich wurde der durchschnittliche **Holzvorrat** je ha Wirtschaftswald mit rund 337 Vfm errechnet (Waldinventur 2007–2009).

Die Vermehrung der Holzmenge durch das Baumwachstum (Höhen- und Dickenwachstum) nennt man Holzzuwachs.

Der jährliche **Holzzuwachs** Österreichs wurde mit rund 9,8 Vfm je ha Wirtschaftswald ermittelt. Diese Zuwachsleistung ist etwa viermal so hoch wie der durchschnittliche Zuwachs der gesamten Waldfläche der Erde. Aufgrund des Holzzuwachses und des Altholzvorrates im Wirtschaftswald lässt sich ermitteln, welche Holzmengen jährlich geschlägert werden können (Holzeinschlag), ohne dass die Waldsubstanz gefährdet wird.

Jene Holzmenge, die ohne langfristige Minderung des Waldertrages geschlägert werden kann, nennt man den nachhaltigen **Holzeinschlag**.

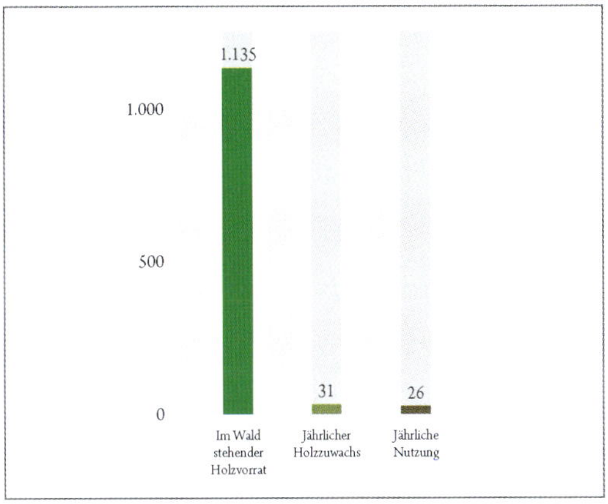

Holzvorrat, -zuwachs, -nutzung in Österreich (in Mio. Vorratsfestmeter)
Quelle: Österreichischer Waldbericht 2015, BMLFUW

In Österreich werden nur rund 80 % des Zuwachses geerntet. Der für die Allgemeinheit so bedeutsame Wald wird damit in seiner Substanz nicht nur erhalten, sondern sogar verbessert. Angestrebt werden sollte eine vollständige Nutzung des jährlichen Holzzuwachses (100 %). So bleibt die Waldsubstanz erhalten, der zusätzliche, geerntete Rohstoff kann der holzverarbeitenden Industrie zugeführt werden und schafft damit Wertschöpfung und Einkommen.

1.3.4 Eigentumsverhältnisse

Der österreichische Wald befindet sich überwiegend im Privatbesitz, wobei der Großteil Bauernwald ist.

Die wirtschaftliche Bedeutung des Bauernwaldes ist sehr groß. Der Grund, weshalb er weniger Holz erzeugt als der Großwald, ist vornehmlich in der Vergangenheit zu suchen. Jahrhunderte hindurch wurde der Kleinwald wegen der damaligen geringen Erlöse für Holz landwirtschaftlich genutzt (Waldweide, Streu). Dies führte dazu, dass die Holzvorräte zurückgingen, was wiederum eine schlechtere Zuwachsleistung zur Folge hatte.

Für den Waldbesitzer sind waldwirtschaftliche Kenntnisse besonders wichtig, da er einen zufriedenstellenden Waldertrag auf die Dauer nur dann erreichen kann, wenn er seinen Wald nicht nur richtig bewirtschaftet, sondern auch frühere Bewirtschaftungsmängel behebt.

Waldflächen und Besitzverhältnisse in Ö – Eigentumsarten nach Kataster

	Fläche	Anteil
Insgesamt	3.746.073 ha	100 %
Privatwald unter 200 Hektar*	1.856.995 ha	50 %
Privatwald ab 200 Hektar*	806.007 ha	22 %
Gemeinschaftswald	389.964 ha	10 %
Gemeindewald (Vermögenswald)	79.985 ha	2 %
Landeswald	49.294 ha	1 %
Österreichische Bundesforste und sonstiger im öffentlichen Eigentum stehender Wald	563.827 ha	15 %

* inkl. Kirchenwald
Erhebungsjahr 2017 (in Hektar), Quelle: BMNT 2017

FRAGEN ZUM KAPITEL

1. Wie groß ist der Waldanteil Österreichs?
2. Welche Baumart ist in Österreich am häufigsten vorkommend.
3. Was bezeichnet man als Hochwald?
4. Wie viel Holz wächst in Österreich jährlich ungefähr zu? Wie viel Holz wird jährlich etwa genutzt?

2. WALDSTANDORT

Wald besteht nicht nur aus Bäumen. In einem gesunden Wald finden wir eine Fülle von Pflanzen und Tieren, die zusammen eine Lebensgemeinschaft bilden („Ökosystem Wald"). Diese Lebensgemeinschaft steht in Wechselwirkung mit den jeweiligen Standortfaktoren Boden, Lage und Klima. Gemeinsam prägen sie die Wachstumsbedingungen des Waldes entscheidend.

Ein befriedigender Waldertrag lässt sich auf die Dauer nur bei standortsgerechten Verjüngungs-, Schutz-, Pflege- und zuwachsfördernden Endnutzungsmaßnahmen erzielen.

2.1 LEBENSGEMEINSCHAFT WALD

Charakteristisches Merkmal der Lebensgemeinschaft Wald ist ein Nährstoffkreislauf, den die vielen Pflanzen und Tiere des Waldes beeinflussen.

Am Beginn dieses Kreislaufes stehen die Pflanzen, die durch Photosynthese Kohlenstoffverbindungen erzeugen, aus dem Boden Pflanzennährstoffe und Wasser aufnehmen und aus diesen Stoffen ihre Organe und Biomasse aufbauen.

Die Pflanzen (Produzenten) bilden die Grundlage für das Leben der Tiere (Konsumenten); direkt für die Pflanzenfresser (Rehe, Hirsche, Hasen, Mäuse, Raupen, Schnecken usw.); indirekt für die Fleischfresser, die von anderen Tierarten leben (Füchse, Marder, Greifvögel, Singvögel, Raubinsekten, Spinnen usw.).

Geschlossen wird dieser Kreislauf durch Zersetzer. Das sind Kleinlebewesen, wie beispielsweise Insekten, Würmer, Pilze oder Bakterien, welche die abgestorbene pflanzliche und tierische Substanz über oft viele Schritte zersetzen, die darin enthaltenen Nährstoffe freisetzen und wieder in anorganischer Form dem Boden zuführen, wo sie den Pflanzen als Nährstoffe zur Verfügung stehen.

Der jährliche Nährstoffbedarf des Waldes ist etwa gleich groß wie bei landwirtschaftlichen Kulturarten. Die Bodennährstoffe (N, P, K, Ca usw.) dienen im Wald fast ausschließlich zum Aufbau von Blättern, Nadeln, Früchten und der Rinde. Das Holz hingegen wird weitgehend aus Assimilationsprodukten (Zellulose, Lignin) aufgebaut.

Im gesunden Wald werden die in den Blättern, Nadeln, Zweigen usw. enthaltenen Nährstoffe, die mit der Streu auf den Boden gelangen, von den Kleinlebewesen so umgewandelt, dass sie die Bäume neuerlich aufnehmen können.

Im gesunden Wald befinden sich die Bodennährstoffe in einem ständigen Kreislauf zwischen Boden und Pflanze.

Durch die Holzernte werden dem Wald im Allgemeinen nicht mehr Bodennährstoffe entzogen, als durch die Verwitterung des Grundgesteins neue dazukommen.

Im gesunden Wald erübrigt sich aufgrund des Nährstoffkreislaufes eine Düngung.

Bei der Bewirtschaftung des Waldes soll stets darauf geachtet werden, dass der natürliche Nährstoffkreislauf nicht gestört wird, da sonst der Wald die erwünschten Zuwachsleistungen nicht erbringen kann.

2.2 WALDBODEN

Der Waldboden wird von folgenden Einflüssen bestimmt:

- **Ausgangsgestein:** Nährstoffgehalt, Grad der Verwitterung, Verwitterbarkeit, Wasserführung
- **Humus:** Bestandteile, Schnelligkeit der Zersetzung, Durchmischung mit dem Boden, Artenvielfalt
- **Lage:** z. B. Austrocknung durch Wind auf Kuppen, Wasserstau in Mulden, Überhitzung durch zu starke Sonneneinstrahlung

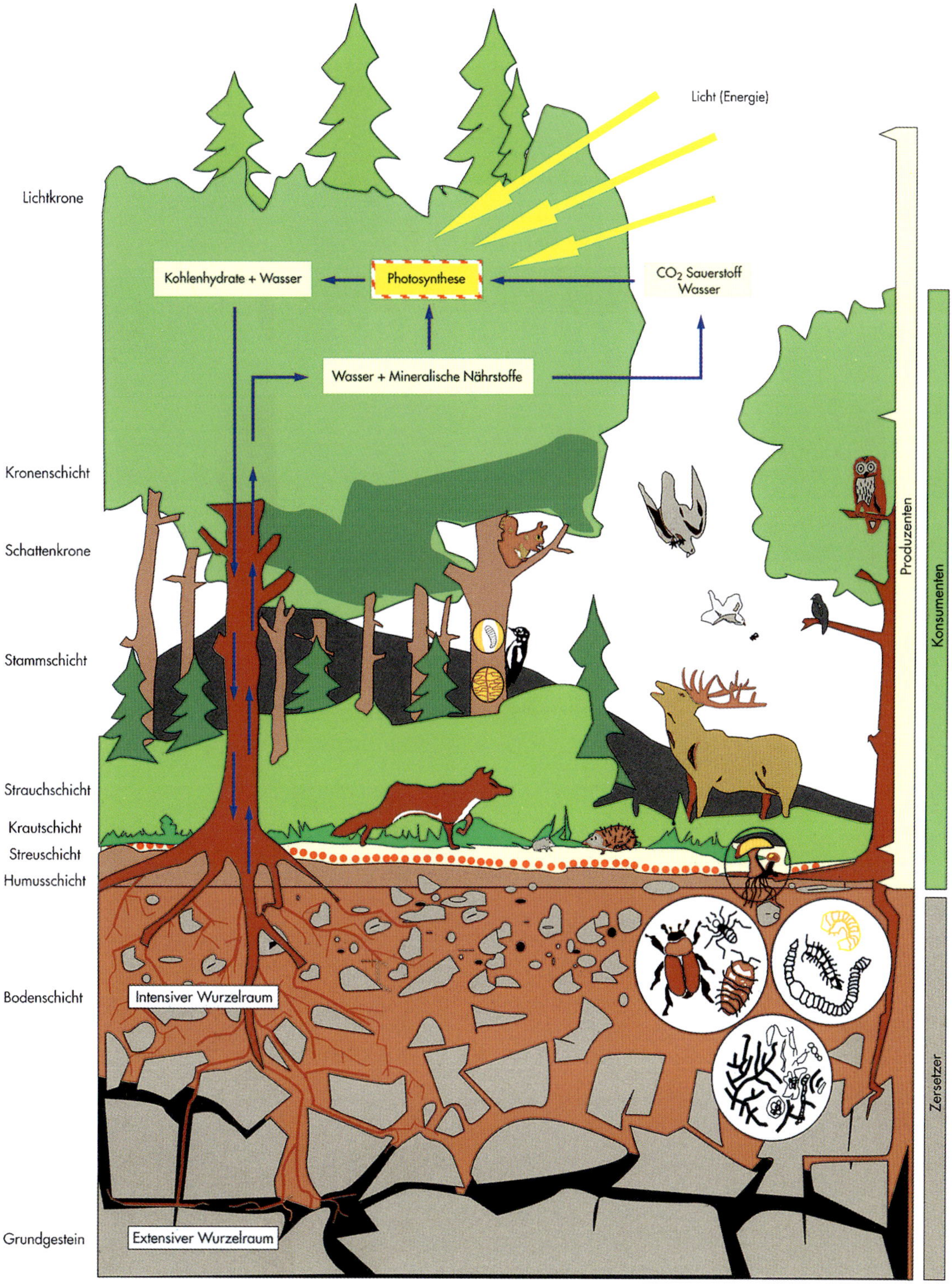
Licht (Energie)
Lichtkrone
Kohlenhydrate + Wasser
Photosynthese
CO_2 Sauerstoff Wasser
Wasser + Mineralische Nährstoffe
Kronenschicht
Schattenkrone
Stammschicht
Strauchschicht
Krautschicht
Streuschicht
Humusschicht
Bodenschicht
Intensiver Wurzelraum
Grundgestein
Extensiver Wurzelraum
Produzenten
Konsumenten
Zersetzer

Durch die Bewirtschaftung des Waldes kann der Waldboden sowohl verschlechtert (z. B. Austrocknen durch Öffnen des Bestandsrandes, falsche Baumartenauswahl) als auch verbessert (z. B. schnellere Humusbildung nach einer Durchforstung) werden.

2.2.1 Humus

Wesentlich für das Gedeihen des Waldes ist sein Humuszustand. Wertvoll ist nur der milde Humus. Sind an seiner Herstellung vorwiegend Regenwürmer beteiligt, nennt man ihn **Mullhumus**. Die Zersetzung der organischen Masse erfolgt dabei sehr rasch. Dieser Humus verleiht dem Boden die für seinen Luft- und Wasserhaushalt wesentliche Krümelung.

Mullhumus zeigt guten Bodenzustand an.

Finden die Bodenlebewesen nicht ganz die richtigen Lebensbedingungen vor, entsteht der sogenannte **Moder**. Der Abbau erfolgt hier vorwiegend durch Bodeninsekten. Bei dieser Humusform erfolgt keine restlose Zersetzung der Streu, die Zersetzung ist auch verzögert. Weiters sind noch kleinste Pflanzenreste erkennbar.

Moder zeigt einen weniger guten Bodenzustand an.

Ist das Bodenleben nur ganz schwach entwickelt (beispielsweise durch Extremsituationen), entsteht **Rohhumus**. Der Bestandesabfall wird nicht zerkleinert, sondern von Schimmelpilzen befallen und bleibt als deutlich abgegrenzte Schicht auf dem Mineralboden liegen. Auf sehr trockenen Standorten entsteht **Trockentorf**.

Rohhumus und Trockentorf zeigen einen schlechten Bodenzustand an.

2.2.2 Bodentypen

Wichtige **Waldbodentypen** sind:

- **Rohhumusböden:** humusreich und flachgründig, die Nährstoffversorgung hängt vom Wasserhaushalt ab und ist gut bis schlecht;

Mullartige Rendsina

Braunerde mit tiefgründiger Hangschuttdecke (Tonschiefer)

Podsol

Pseudogley aus schluffig-lehmigen Deckschichten

neigen zu Austrocknung, erosionsanfällig. Man unterscheidet zwei Typen: Rendsina (auf Kalk) und Ranker (auf sauren, silikatischen Grundgesteinen).

- **Braunerde:** beste Wuchsbedingungen, Mullhumus, ausgeglichene Nährstoff-, Wasser- und Luftversorgung, tiefgründig
- **Podsol:** Auswaschung von Nährstoffen, dadurch Bleichhorizont (helle Schicht) im Oberboden, Rohhumus, nährstoffarm, oft verdichtet
- **Gley und Pseudogley:** sind durch Grund- oder Stauwasser beeinflusst, meist nährstoffreich, aber sauerstoffarm, schwere Böden, neigen zu Verdichtung
- **Auböden:** beste Nährstoffversorgung, hoher Grundwasserstand, gekennzeichnet durch periodische Überschwemmungen mit Nährstoffeintrag

2.2.3 Zeigerpflanzen

Die auf dem Waldboden wachsenden Pflanzen geben Hinweise auf seinen Zustand.

- **Anzeiger für sehr gute Böden:** Neunblättrige Zahnwurz, Brennnessel, Goldnessel
- **Anzeiger für gute Böden:** Waldmeister, Lungenkraut, Bingelkraut, Sanikel, Klebriger Salbei, Waldlabkraut, Sauerklee, Schattenblümchen
- **Anzeiger für schlechte Böden:** Heidelbeere, Preiselbeere, Besenheide, Drahtschmiele, Weißmoos, Rentierflechte
- **Anzeiger für stark vernässte Böden:** Torfmoos, Binsen, Waldschachtelhalm

2.3 LAGE

2.3.1 Hangneigung und Hangrichtung

Die Lage eines Waldstandortes am Hang, die jeweilige Geländeausformung sowie die Himmelsrichtung wirken sich entscheidend auf die Standorteigenschaften aus.

- Im **geneigten Gelände** befinden sich im Allgemeinen die tiefgründigeren und frischeren Standorte am Unterhang und die flachgründigeren, trockeneren am Oberhang. Oft ist auch eine Nährstoffverlagerung vom Oberhang zum Unterhang zu beobachten.

Zeigerpflanzen für gute Böden

Neunblättrige Zahnwurz

Schattenblümchen

Lungenkraut

Buschwindröschen

Sanikel

Haselwurz

Bingelkraut

Sauerklee

Waldmeister

Zeigerpflanzen für schlechte und vernässte Böden

Preiselbeere

Heidelbeere

Drahtschmiele

Zeigerpflanzen für schlechte und vernässte Böden (Fortsetzung)

Besenheide

Erika

Weißmoos

Rentierflechte

Torfmoos

Astmoos

- Je **steiler** ein **Hang** ist, desto geringer ist die Frostgefahr, da kalte Luft abfließt. Mit der Steilheit nimmt die Erosionsgefahr zu.
- In **Mulden** kann die Kaltluft zusammenfließen und Kälteseen mit hoher Frostgefahr bilden. In der kalten Jahreszeit kann sich dadurch eine **Inversionswetterlage** bilden (obere Luftschichten sind wärmer als untere Luftschichten). **Kuppen** sind meist dem Wind ausgesetzt und daher trockener als Mulden und Gräben, außerdem wird die Streu abgeweht.
- **Südhänge** sind durch starke Sonneneinstrahlung warm und trocken. Wenn die Beschattung durch den Waldbestand fehlt, neigen

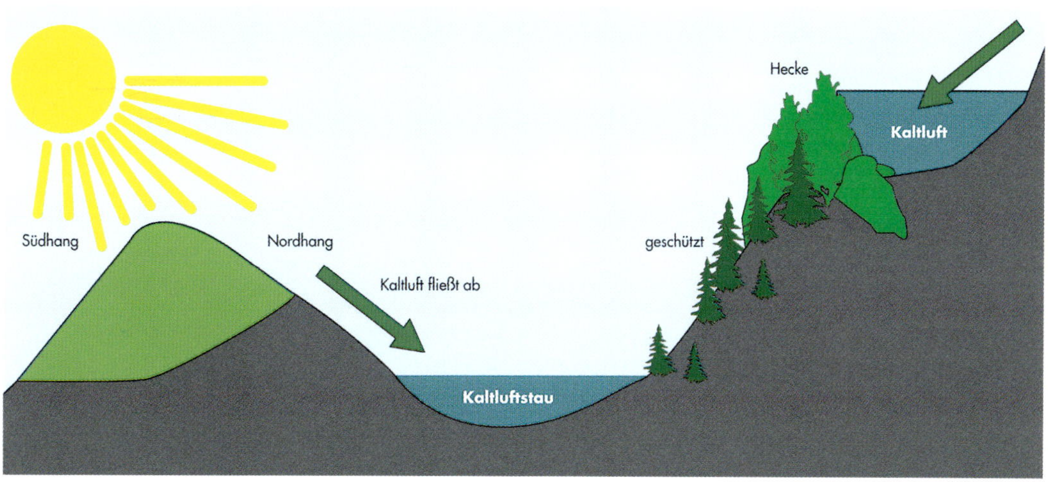

Einfluss von Hangneigung und Hangrichtung

die Standorte zur Austrocknung. Durch starke Sonneneinstrahlung entsteht Thermik (Wind). Im Spätsommer und Spätwinter können große Temperaturextreme durch Sonneneinstrahlung zu Wachstumsstress (Trockenstress) für Pflanzen führen.

- **Nordhänge** weisen meist hohe Bodenfrische und Luftfeuchtigkeit auf, was sich auf das Baumwachstum günstig auswirkt. Andererseits ist die Gefährdung durch Schnee und Frost größer.
- **West-** und **Osthänge** weisen eine Zwischenstellung auf.

Kolline Waldstufe mit Eichenwäldern

2.3.2 Seehöhe

Mit zunehmender Seehöhe nimmt die Lufttemperatur ab (etwa 1 °C pro 100 m), so dass diese für wärmebedürftige Baumarten eine wichtige Begrenzung darstellt. Innerhalb der natürlichen Waldgesellschaften lassen sich deutliche **seehöhenabhängige Waldstufen** feststellen:

Höhengürtel	Höhenstufe
Tieflage	kollin (planar) submontan
Mittellage	tiefmontan mittelmontan hochmontan
Hochlage	tiefsubalpin hochsubalpin

Tiefmontane Waldstufe mit Rotbuchen

- **Kolline Waldstufe:** Eichen-Hainbuchen-Wälder, Eichenwälder
- **Submontane Waldstufe:** Eichen-Hainbuchen-Wälder, Buchenwälder
- **Tiefmontane Waldstufe:** Buchenwälder (Optimum)
- **Mittelmontane Waldstufe:** Fichten-Tannen-Buchenwälder (Randalpen), Fichten-Tannen-Wälder (Zwischenalpen)
- **Hochmontane Waldstufe:** Fichten-(Tannen-)Wälder
- **Tiefsubalpine Waldstufe:** Fichtenwälder (mit Lärche, Zirbe)
- **Hochsubalpine Waldstufe:** Zirben-Lärchen-Wälder (Latsche, Grünerle)

Mittel- und hochmontane Waldstufe mit Fichtendominanz

Subalpine und hochalpine Waldstufe mit Waldgrenze

Waldgesellschaften in Österreich nach Höhenlage und N-S-Erstreckung

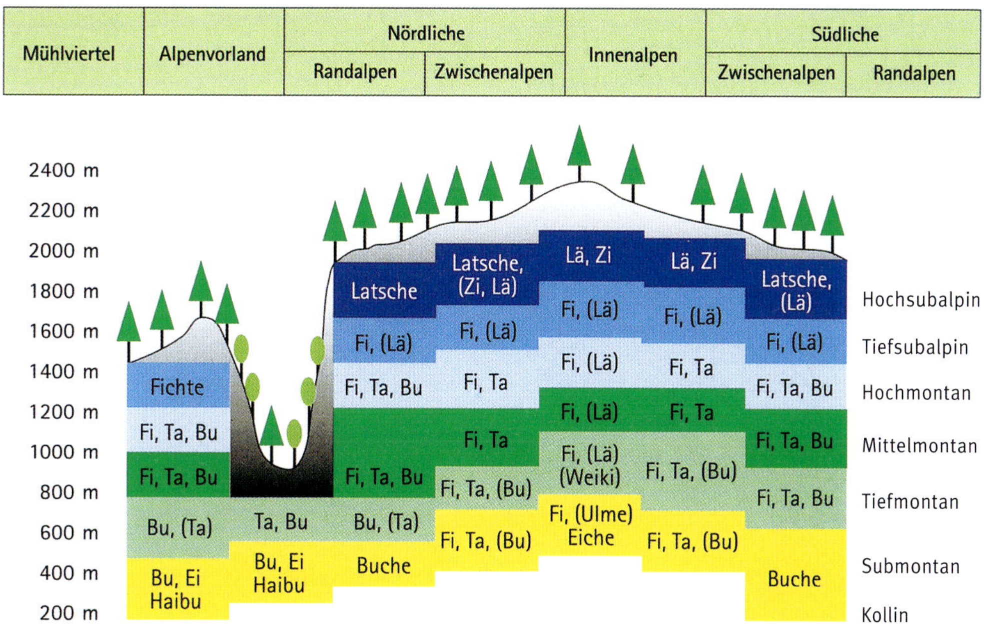

Quelle: Forstliche Bundesversuchsanstalt, Institut für Waldbau

Die **Waldgrenze** findet man dort, wo der geschlossene Wald aufhört. Wo auch einzelne Bäume nicht mehr aufrecht wachsen können, ist die **Baumgrenze**. Dazwischen liegt die Kampfzone des Waldes. Über der Baumgrenze befindet sich meist der **Krummholzgürtel** mit Latschen oder Grünerlen.

Die Seehöhe, wo die einzelnen Waldstufen enden bzw. die Wald- und Baumgrenze erreicht wird, ist abhängig von der jeweiligen Lage. In den Randalpenbereichen, die als Erste den Wettererscheinungen ausgesetzt sind, liegt die Waldgrenze bei 1.600–1.800 m Seehöhe, in den Inneralpen, die mehr abgeschirmt sind, befindet sich die Waldgrenze zwischen 2.000 und 2.300 m Seehöhe.

2.4 KLIMA

Eine große Herausforderung für die Waldbewirtschaftung stellt der Klimawandel dar. Dieser zeigt sich in einer Steigerung der Durchschnittstemperaturen und einer Verschiebung der Niederschlagsverhältnisse.

Um dem Klimawandel erfolgreich begegnen zu können, ist es wichtig standortsangepasste Baumarten in einer geeigneten Baumartenmischung zu forcieren.

2.4.1 Großklima

Österreich liegt zum Großteil im Bereich der gemäßigt feuchten Klimazone mit einer ausgeprägten kalten Jahreszeit. Im Hochgebirge treten extreme Gebirgsklimata auf; im äußersten Osten unseres Landes gibt es ein gemäßigt trockenes Klima. Allgemein kann gesagt werden, dass das vorherrschende Großklima das Vorkommen von Wald begünstigt.

Der sichtbare Klimawandel zwingt aber vorausschauend zur standortgerechten Baumartenwahl!

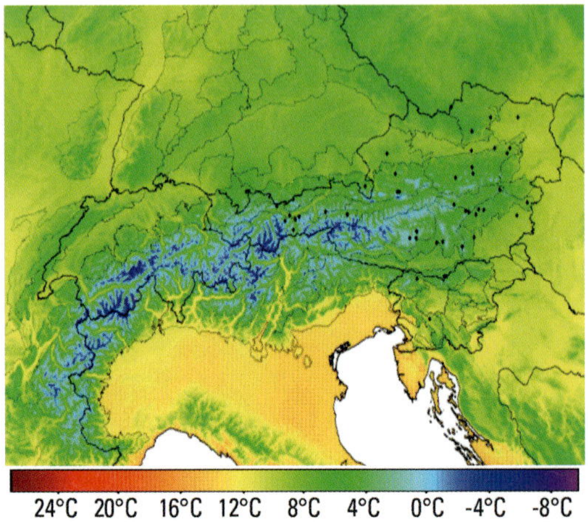

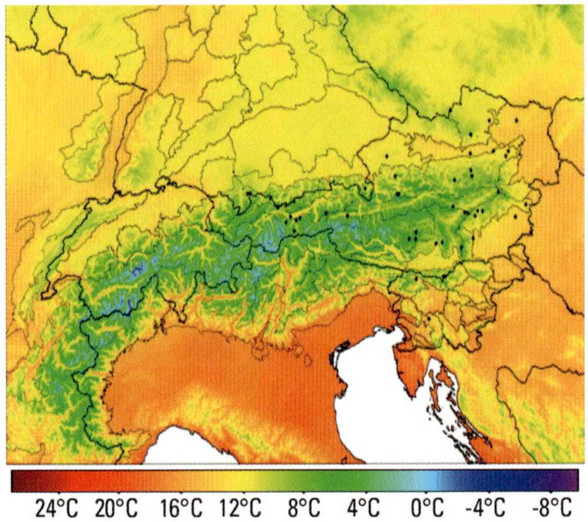

Im oberen Teil der Grafik ist die aktuelle mittlere Jahrestemperatur sichtbar, darunter sieht man die mittlere Jahrestemperatur für das Jahr 2080.
(Quelle: BFW Wien; www.bfw.ac.at)

2.4.2 Bestandesklima

Das im Allgemeinen unveränderliche Großklima wird kleinflächig durch die Lage, aber auch durch die Waldbewirtschaftung beeinflusst. Jeder Waldbestand hat eigene kleinklimatische Gegebenheiten. Durch die Beschattung ist es im Wald kühler als im Freiland. Es herrscht mehr Luftruhe und durch die Verdunstung eine höhere Luftfeuchtigkeit. Das Bestandesklima ist ausgeglichener als das Freilandklima.

Das Bestandesklima hängt von der Baumartenmischung, dem Bestandesalter, dem Bestandesaufbau und der Waldpflege ab.

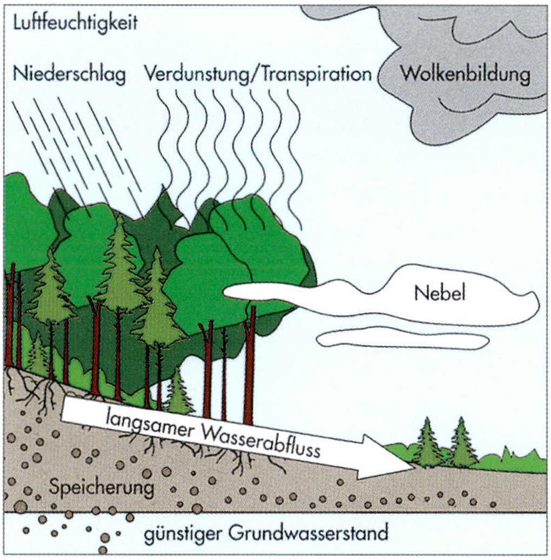

Das Bestandesklima

Geschlossener Bestandesrand

Durch richtige Waldbewirtschaftung muss versucht werden, das Bestandesklima so zu erhalten, dass optimale Wuchsbedingungen gegeben sind. So gelangen z. B. infolge von Durchforstungen Licht, Wärme und Niederschläge auf den Boden, was die Bodenorganismen begünstigt.

Durch die Erhaltung eines geschlossenen Bestandsrandes wird eine Austrocknung des Bodens durch Wind und Sonneneinstrahlung verhindert.

2.4.3 Klimawandel

Durch die verstärkte Emission von treibhausrelevanten Gasen, vor allem CO_2, kommt es zu einer – für natürliche Prozesse – sehr raschen Erwärmung. Man nennt dieses Phänomen Klimawandel. Global wird bis zum Jahr 2100 eine Erderwärmung zwischen 2 und 6 °C prognostiziert. Im Alpenraum ist eine im Durchschnitt höhere Erwärmung zu erwarten (siehe Grafiken S. 24), wobei eine genaue Voraussage unmöglich ist und regional große Unterschiede aufweisen wird.

Wälder sind vom Klimawandel sehr stark betroffen, da die Waldbäume ortsgebunden wachsen. Gleichzeitig ist der Wald aber auch ein Teil der Strategie gegen den Klimawandel, weil durch Baumwachstum und Photosynthese der Atmosphäre Kohlendioxid entnommen und im Holz gebunden wird.

Welche Strategien braucht die Waldbewirtschaftung, damit trotz Klimawandels die Funktionenvielfalt des Waldes gewährleistet werden kann:

- Verwendung von standortsangepassten Baumarten für die Waldbewirtschaftung
- Vielfalt der Baumarten, genetische Vielfalt: Sind mehrere Baumarten vorhanden, steigt die Wahrscheinlichkeit, dass zumindest einige die Folgen des Klimawandels aushalten.
- Konsequente Waldpflege: Waldpflege bringt Vitalität und Stabilität. Beides fördert den Bestand des Waldes.

2.5 BEEINFLUSSUNG DER STANDORTEIGENSCHAFTEN

Aufgabe einer nachhaltigen Waldbewirtschaftung ist es, nicht nur eine Verschlechterung der Standortbedingungen zu verhindern, sondern diese möglichst zu verbessern. Zu einer Verschlechterung der Verhältnisse tragen vor allem eine falsche Baumartenwahl und Großkahlschläge bei. Vom Waldbewirtschafter nicht zu beeinflussen sind Luftverunreinigung und saurer Regen (Waldsterben).

Verbesserungsmaßnahmen

- Pflanzung und Erhaltung standortgerechter Mischwälder

- Rechtzeitige Dickungspflege und Durchforstung
- Waldrand und Kronendach geschlossen halten
- Großkahlschläge vermeiden
- Streunutzung und Waldweide unterlassen
- Äste im Wald lassen

Die Beimischung von Laubbäumen zu Nadelbäumen sichert den Bodenlebewesen eine gemischte Nahrung, die ihre Entwicklung und damit die Verbesserung des Bodens fördert. Durch eine heterogene Streu- und Humusschichte wird die Durchlüftung des Oberbodens verbessert und die Verrottungsgeschwindigkeit erhöht. Dadurch kommen Nährstoffe wieder schneller in den Nährstoffkreislauf.

Eine Mischung von Flach- und Tiefwurzlern ermöglicht eine bessere Nährstoffausnützung. Die flachwurzelnde Fichte erreicht z. B. die Nährstoff- und Wasservorräte der tieferen Bodenschichten nicht. Rechtzeitige **Durchforstungen** sorgen für Zuwachsgewinne, verbessern das Bestandesklima und fördern den Humusabbau, indem Licht und Wärme auf den Boden gelangen. So kann sich am Waldboden eine nützliche Krautschicht aufbauen.

Ein geschlossener Wald schützt den Boden vor Austrocknung durch Wind und Sonne und schafft ein günstiges Klima durch/für die Bodenlebewesen. Für gutes Baumwachstum ist es notwendig, dass Bodenwasser möglichst lange für die Wurzeln zur Verfügung steht. Wind saugt das Wasser aus dem Boden und verschlechtert damit die Wachstumssituation.

Kahlschläge legen den Waldboden frei und verursachen vielfach Humusverluste sowie lästige Verunkrautung. Das Aufbringen des Jungwuchses auf Großkahlschlägen dauert länger als auf kleinen Kahlschlägen.

Darüber hinaus wächst der Jungwuchs schutzlos auf und ist Extremsituationen ausgesetzt (Hitze, Wind etc.).

Durch die Streunutzung und Entnahme der Äste werden dem Wald wichtige Nährstoffe entzogen. Die Waldweide schädigt den Boden, weil er durch den Tritt der Tiere verdichtet wird und Wurzeln verletzt werden können.

Gute Bodenverbesserer, die auch als sogenannter Vorwald dienen, sind für sonnseitige Lagen Birke und Aspe, für Schattenseiten Eberesche und Grauerle.

Die Kulturdüngung, bei der die Pflanzen einzeln gedüngt werden, kann bei mittleren und schlechten Böden wertvoll sein. Dadurch wachsen die Pflanzen rascher an und es ergeben sich weniger Ausfälle.

FRAGEN ZUM KAPITEL

1. Welche drei großen Faktoren bilden die Lebensgemeinschaft Wald?
2. Welche drei Humustypen gibt es?
3. Welche Pflanzen zeigen sehr gute, gute und schlechte Böden an?
4. Was ist eine Inversionswetterlage?
5. Wovon hängt das Bestandesklima ab?
6. Wie können Standortseigenschaften verbessert werden?

3. BÄUME UND STRÄUCHER DES WALDES

Wer Waldwirtschaft richtig betreiben will, muss nicht nur die verschiedenen Nadel- und Laubbaumarten im Sommer- und auch im Winterzustand unterscheiden können, sondern sollte zumindest bei den wichtigsten Baumarten auch über deren Aufbau, Verbreitung, botanische Eigenschaften, Einfluss auf den Boden, Mischungsmöglichkeiten mit anderen Bäumen, Gefährdung, verschiedene Verwendungsmöglichkeiten bzw. deren holzwirtschaftliche Bedeutung Bescheid wissen.

3.1 AUFBAU DES WALDBAUMES

3.1.1 Wurzeln

Die Wurzeln verankern den Baum im Boden, sorgen für die Aufnahme des Wassers sowie der gelösten Nährstoffe und speichern Reservestoffe.

Die **Haupt-** und **Seitenwurzeln** verleihen dem Baum Halt und stützen ihn bei Belastung durch Wind oder Schnee. Die **Feinwurzeln** nehmen mit den Wurzelhärchen das Bodenwasser und die darin gelösten Nährstoffe auf. Dabei gehen die Baumarten eine Symbiose mit Pilzen ein, die mit ihrem Myzel die Wurzelspitzen umschlingen und so die Aufnahmeoberfläche vergrößern. Diese Zusammenarbeit nennt man **Mykorrhiza**.

Je nach der Gestalt der Wurzeln findet man unter den Baumarten Flach- und Tiefwurzler:

- **Flachwurzler** haben Hauptwurzeln, die sich flach unter der Erdoberfläche tellerförmig ausbreiten; von ihnen wachsen Seitenwurzeln nach unten (z. B. Fichte).
- **Tiefwurzler** haben entweder Pfahlwurzeln, deren senkrecht abwärts wachsende Hauptwurzel die Seitenwurzeln übertrifft (z. B. Tanne), oder Herzwurzeln, bei denen einige kräftige, tief abwärts wachsende Seitenwurzeln die Aufgabe der in ihrer Entwicklung zurückgebliebenen Hauptwurzel übernehmen (z. B. Rotbuche).

Die **Senkerwurzeln** sind eine Mischform. Sie bestehen aus starken Flachwurzeln, von denen senkrecht nach unten wachsende Wurzeln abzweigen.

3.1.2 Stamm

Der Stamm verbindet Wurzeln und Krone. Er ist der wirtschaftlich wertvollste Teil des Baumes und besteht aus dem Holzkörper, dem Kambium und der Rinde.

Der **Holzkörper** ist ein Leitungs-, Festigungs- und teilweise Speichergewebe; er setzt sich aus dem Kern- und dem Splintholz zusammen. Das **Kernholz** besteht aus toten Zellen, die Gerbstoffe, Fette, Harze und dgl. enthalten. Es ist sozusagen der tragende Teil des Baumes. Das außen liegende **Splintholz** besteht aus lebenden Zellen, in denen der Saft von unten nach oben fließt.

Zwischen Rinde und Holzkörper liegt das **Kambium**, eine dünne Zellschicht, welche durch die jährliche Bildung eines Rinden- und eines Holzringes (Jahresring) für das Dickenwachstum

Flachwurzel

Pfahlwurzel

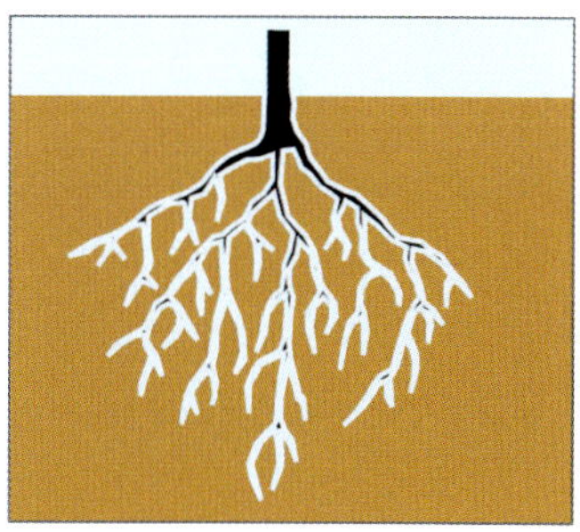

Herzwurzel

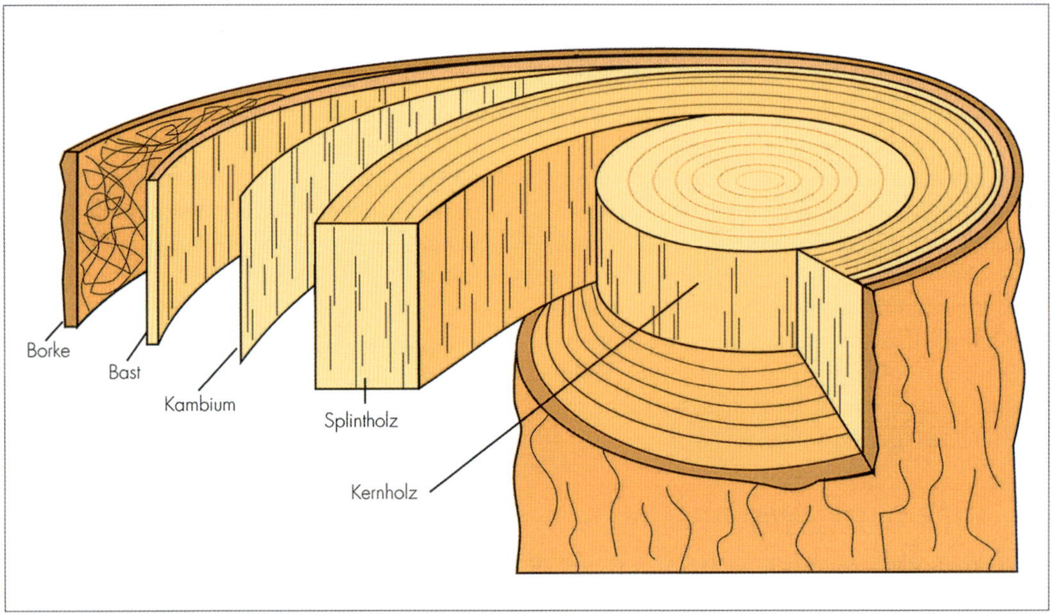

Querschnitt durch den Baumstamm

Vollholzig

Abholzig

sorgt. Der Jahresring besteht aus dem weitporigen, meist helleren **Frühholz** und dem meist dunkleren **Spätholz**.

Das Alter der Bäume lässt sich an der Anzahl der Jahresringe ablesen, die als Grenze zwischen dem Früh- und Spätholz deutlich erkennbar sind.

Die **Rinde** besteht aus dem **Bast**, in welchem die fertige „Nahrung" (sogenannte Assimilate) aus den Blättern in die übrigen Baumteile fließt, und aus der aus abgestorbenen Zellen bestehenden **Borke**. Die Rinde schützt den Baum. Die Borke ist ein wichtiges Unterscheidungsmerkmal für die Bäume, insbesondere im Winter.

Nach der Form der Stammentwicklung unterscheidet man **Vollholzigkeit** (Durchmesser nimmt von unten nach oben langsam ab; z. B. Tanne), **Abholzigkeit** (Durchmesser nimmt von unten nach oben stärker ab, z. B. Fichte), **Spannrückigkeit** (Jahresringe verlaufen wellenförmig; z. B. Hainbuche) und **Drehwüchsigkeit** (Holzfasern des Stammes verlaufen spiralförmig um seine Achse; z. B. Rosskastanie). Die Stammentwicklung wird aber auch von der Umwelt beeinflusst (Wind, Seehöhe, Verbiss usw.).

3.1.3 Krone

Die Gesamtheit der Äste, Zweige, Blätter und Früchte eines Baumes bilden seine Krone.

Aus den **Knospen** entstehen alljährlich die **Triebe**, welche die **Haupt-** und **Seitensprossen** bilden. Die **Blätter** sind Anhangsorgane des Sprosses und sorgen neben den Wurzeln für die Ernährung (Assimilation) und Atmung des Baumes. Sie können **nadelförmig** sein (Nadelbäume) oder über **Blattstiel** und **Blattspreite** verfügen (Laubbäume). Ihre Anordnung garantiert eine optimale Ausnützung des einfallenden Sonnenlichtes. Nadeln sind schlank, derb und mit einer Wachsschicht überzogen, die sie vor Austrocknung und Kälte schützt. Dadurch und durch die schlanke Kronenform können Nadelbäume auch im Winter ihre Nadeln behalten. Eine Ausnahme bildet die Lärche.

Weiters können sich aus den Knospen die **Blüten** bilden. Diese sind umgebildete Blätter. Birken, Aspen und Erlen blühen mit 20 bis 30 Jahren am frühestens; Tannen, Eichen und Rotbuchen mit 60 bis 80 Jahren am spätesten.

Für die geschlechtliche Vermehrung ist die Entwicklung der Blüten zu **Früchten** bzw. **Samen** wesentlich. Die Samenjahre treten bei den einzelnen Baumarten unterschiedlich oft auf.

Knospen, Blätter und Früchte sind wichtige Unterscheidungsmerkmale der Bäume.

Die Baumarten haben unterschiedliche **Lichtansprüche**:

- **Lichtbaumarten** (z. B. Lärche) brauchen viel Licht im Kronenbereich, sonst kommt es zu einem eingeschränkten Wuchs; Verjüngung ist vorwiegend nur auf Freiflächen möglich.
- **Halbschattbaumarten** (z. B. Fichte) vertragen eine leichte Beschattung durch andere Bäume.
- **Schattbaumarten** (z. B. Tanne) können im Schatten anderer Bäume wachsen; Verjüngung ist unter dem Schirm des Altbestandes möglich.

3.2 NADELBÄUME

3.2.1 Fichte (*Picea abies*)

- **Vorkommen:** Baum des Berglandes bis zur Waldgrenze, aus wirtschaftlichen Gründen aber (standortsfremd) in allen Waldstufen vorkommend
- **Wurzelsystem:** Flachwurzler
- **Ansprüche:** Verlangt frische, lockere Böden mit mittlerer Nährstoffversorgung, nicht geeignet für verdichtete Lehmböden; nasse und trockene Standorte, vor allem auf Nord- und Osthängen; Halbschattbaumart; geringer Wärmeanspruch, frosthart
- **Gefährdung:** Dürreempfindlich; gefährdet durch Wind, Borkenkäfer, Rüsselkäfer, Nonne, Rotfäule
- **Waldbauliche Merkmale:** Kann bis zu 40 m hoch (bei idealen Bedingungen über 50 m) und 600 Jahre alt werden; in der Jugendphase

Fichte

Lärche

relativ langsames Wachstum; im Wirtschaftswald hiebsreif mit 80 bis 120 Jahren. Verträgt sich als Mischbaumart mit allen standortgemäßen Baumarten; Verjüngung mittels Pflanzung oder natürlich unter Schirm

- **Verwendung:** Vielseitig verwendbar als Bau- und Möbelholz und für Zellstoff, Papier- und Plattenherstellung, Stangen und Masten

3.2.2 Weißtanne (*Abies alba*)

- **Vorkommen:** Baumart der Mittelgebirge und des Alpenvorlandes
- **Wurzelsystem:** Pfahlwurzel
- **Ansprüche:** Verlangt tiefgründigen, frischen, nährstoffreichen Boden und ausgeglichenes, luftfeuchtes Waldklima; gedeiht auch auf staunassen Böden („Tannenzwangsstandorte"); braucht mehr Wärme als Fichte
- **Gefährdung:** Empfindlich gegen Spätfrost, Wildverbiss und Luftverunreinigungen
- **Waldbauliche Merkmale:** Kegelförmige, im Alter abgeflachte Krone („Storchennest"); kann bis 60 m hoch und 400 bis 600 Jahre alt werden; in der Jugend sehr langsames Wachstum; günstige Mischbaumart; Schattenbaumart; Verjüngung am besten natürlich unter Schirm
- **Verwendung:** Ähnlich wie Fichte; harzloses Holz; gut geeignet für Wasser- und Erdbau, weniger für Möbelbau und Dachstühle

Weißtanne

3.2.3 Lärche (*Larix decidua*)

- **Vorkommen:** Gebirgsbaum in den Inneralpen; aus wirtschaftlichen Gründen auch in tieferen Lagen; mehrere Standortrassen (Gebirgslärche, Wienerwaldlärche, Sudetenlärche)
- **Wurzelsystem:** Herzwurzel
- **Ansprüche:** Lichtbaumart; verlangt lockere und frische Böden mit mittlerer Nährstoffversorgung und nebelfreie, windige Lagen; unempfindlich gegen Kälte und Frost (Gebirgsbaum)
- **Gefährdung:** In der Jugend gefährdet durch Fegeschäden; Lärchenminiermotte, Lärchenkrebs, Dürreperioden
- **Waldbauliche Merkmale:** Verjüngung durch Pflanzung oder durch Samenanflug auf Freiflächen (Rohbodenkeimer); als Mischbaumart günstig. Einzige heimische sommergrüne Nadelbaumart mit langsam abbaubarer Streu, daher ist Bodenversauerung möglich. Bis 40 m hoch und 700 Jahre alt; sehr raschwüchsig in der Jugend
- **Verwendung:** Hartes und dauerhaftes Holz; Verwendung für Bauholz, Parkettholz, Möbel, Innenausbau, Schwellen, Masten und Erdbau

Weißkiefer (Föhre)

Latsche

Zirbe

3.2.4 Weißkiefer, Waldkiefer oder Rotföhre (*Pinus sylvestris*)

- **Vorkommen:** Vom Hügelland bis ins Mittelgebirge
- **Wurzelsystem:** Pfahlwurzel
- **Ansprüche:** Sehr bescheidene Standortansprüche; auf trockenen, nährstoffarmen und auch auf vernässten, sauren Standorten zu finden; unempfindlich gegen Hitze und Frost; Lichtbaumart
- **Gefährdung:** Schneedruck, Pilz und Insekten (z. B. Waldgärtner, Rüsselkäfer, Nonne)
- **Waldbauliche Merkmale:** Gerader Stamm mit kegelförmiger, im Alter schirmförmiger Krone; zweinadelig; im Freistand grobastig; bis 40 m hoch; Mischung mit standortgemäßen Baumarten möglich; Verjüngung durch Aufforstung oder Samenanflug auf Freiflächen
- **Verwendung:** Bau- und Möbelholz, Fensterrahmen; harzreich; durch gute Imprägnierfähigkeit auch gut geeignet für die Verwendung im Freien

3.2.5 Schwarzkiefer (*Pinus nigra*)

- **Vorkommen:** Baumart des trockenen und warmen Ostens Österreichs
- **Wurzelsystem:** Pfahlwurzel; anpassungsfähiges Wurzelsystem
- **Ansprüche:** Noch anspruchsloser als die Weißkiefer; kommt vor allem auf trockenen, warmen Kalkstandorten vor; Lichtbaumart; zweinadelig
- **Verwendung:** Holz ist hart und dauerhaft; für Erd- und Wasserbau geeignet; hoher Harzgehalt, wichtig für Harzgewinnung

3.2.6 Zirbe oder Arve (*Pinus cembra*)

- **Vorkommen:** Gebirgsbaum bis zur Baumgrenze
- **Wurzelsystem:** In der Jugend Pfahlwurzler, danach weitreichende Senkerwurzeln
- **Ansprüche:** Gedeiht am besten auf tiefgründigen, nährstoffreichen, frischen Böden; erträgt aber auch sehr saure, humose Böden; Rohhumuskeimer; Halbschattbaum in der Jugend, später Lichtbaumart
- **Gefährdung:** Frosttrocknis, Verbiss- und Fegeschäden; weißer Schneeschimmel (Pilz)
- **Waldbauliche Merkmale:** Kurzer, abholziger Stamm; bis 25 m hoch; fünfnadelig
- **Verwendung:** Wertvolles, aromatisch duftendes Holz für Innenausbau, Möbel und Schnitzerei

3.2.7 Latsche, Legföhre oder Krummholzkiefer (*Pinus mugo*)

- **Vorkommen:** Im Schutzwall des Hochgebirges (Krummholzgürtel), vorwiegend auf Kalk
- **Wurzelsystem:** Flach und weitreichend

Schwarzkiefer

Strobe/Weymouthskiefer

- **Ansprüche:** Geringe Nährstoff- und Wasseransprüche; Lichtbaumart
- **Waldbauliche Merkmale:** Schutzwaldbaumart; sichert mit ihrem liegenden Stamm Steilhänge und Geröllfelder; Pionier für Bodenbildung
- **Verwendung:** Für Latschenölgewinnung und Brennholz auf Hochalmen

3.2.8 Strobe oder Weymouthskiefer (*Pinus strobus*)

- **Vorkommen:** Ursprünglich nordamerikanische Baumart
- **Wurzelsystem:** Herzwurzel mit flachstreichenden Seitenwurzeln
- **Ansprüche:** Anspruchsloser, jedoch raschwüchsiger Baum; fünfnadelig; verträgt auch trockene Standorte; sehr widerstandsfähig; sehr gutes Wachstum auf luftfeuchten und tiefgründigen Standorten
- **Gefährdung:** Empfindlich gegen Rostpilz sowie Verbiss- und Fegeschäden
- **Verwendung:** Leichtes, nicht dauerhaftes Holz; imprägnierbar; Schnitzholz

Douglasie

3.2.9 Douglasie (*Pseudotsuga menziesii*)

- **Vorkommen:** Ursprünglich nordamerikanische Baumart
- **Wurzelsystem:** Herzwurzel
- **Ansprüche:** Halbschattbaumart; mäßig trockene bis frische, tiefgründige Böden bei mittleren Nährstoffansprüchen
- **Waldbauliche Merkmale:** Raschwüchsige Baumart; in Europa bis 60 m hoch und bis zu 400 Jahre alt. Nicht in Reinbeständen anbauen, da krankheitsanfällig und schneedruckgefährdet; bei uns nur Anbau der „Küstendouglasie“ empfehlenswert, Wertastung erforderlich
- **Gefährdung:** Empfindlich gegen Spätfrost und Frosttrocknis, Verbiss- und Fegeschäden, Douglasienschütte; Rüsselkäfer
- **Verwendung:** Ähnlich der Lärche: Bau- und Konstruktionsholz; gut geeignet für Verwendung im Freien; Möbelbau

3.3 LAUBBÄUME

Die Laubbäume sind neben ihren Vorkommen in Laubmischwäldern auch wertvolle Mischbaumarten im Nadelwald, wo sie mit ihrer Streu zu einer guten Bodenbildung beitragen. Linde, Pappel, Weide und Rosskastanie haben **Weichholz**. Die übrigen Laubbaumarten haben **Hartholz**. Danach richtet sich auch die Art der Verwendung. Mit gesundem, astfreiem Wertholz lassen sich bei richtiger Pflege sehr gute Erlöse erzielen, das qualitative Holz wird z. B. im Möbelbau oder als Furnier verwendet. **Die seinerzeitige Bedeu-**

Rotbuche

Stieleiche

tung als Brennholz hat wieder zugenommen. Für die richtige Wertholzerziehung von Laubbäumen muss auf die unterschiedlichen Eigenschaften der jeweiligen Baumarten geachtet werden. **Totasterhalter** sind Baumarten, die abgestorbene Äste über Jahre am Stamm behalten, und daher ist hier eine Wertastung für die Erziehung von Wertholz erforderlich. Bei **Totastverlierern** findet im Dichtstand eine natürliche Astreinigung statt und somit kann hier auf eine Wertastung verzichtet werden. **Wipfelschäftige** Baumarten (z. B. Bergahorn, Esche) neigen zu einem eher durchgehenden und unverzweigten Stammwuchs, das Erzielen von astfreien Stämmen ist bei richtig durchgeführter Astung auch im Freistand möglich. Nicht wipfelschäftige Baumarten sind z. B. die Rotbuche und die Ulmenarten. Diese Baumarten neigen zu einem nicht geradschaftigen Wuchs und müssen deshalb in der Jugend sehr dicht erzogen werden.

3.3.1 Rotbuche (*Fagus sylvatica*)

- **Vorkommen:** Baum des Berg- und Hügellandes
- **Wurzelsystem:** Herzwurzel
- **Ansprüche:** Schattbaumart, im Alter Halbschattbaumart; gedeiht auf nährstoff- und humusreichen, frischen Böden und bei luftfeuchtem, warmem Klima; auf kalkreichen Standorten auch unter ungünstigeren Bedingungen; durch hohe Wurzelintensität vermag sie flachgründige Kalkböden zu durchwurzeln; verträgt keine Staunässe
- **Gefährung:** Empfindlich gegen Wildverbiss, Spätfrost, Dürre und Rindenbrand
- **Waldbauliche Merkmale:** Gut geeignet für Mischung mit Nadelbäumen; verjüngt sich gut unter Schirm und in Bestandslücken; 30 bis 40 m hoch mit geradem, vollholzigem Stamm; Totastverlierer; günstige Bodenbeeinflussung durch viel Laubstreu und Beschattung
- **Verwendung:** Für Furniererzeugung, Parkettholz und Möbel; astige Bloche für Schwellen; Schwachholz für Zellstofferzeugung, Brennholz

3.3.2 Stieleiche (*Quercus robur*)

- **Vorkommen:** Baum des Auwaldes und des flachen, warmen Hügellandes
- **Wurzelsystem:** Pfahlwurzel, im Alter eher Herzwurzel
- **Ansprüche:** Lichtbaumart; anspruchsvoll bezüglich Nährstoff- und Wasserversorgung; verträgt zeitweilige Überschwemmung; durch hohe Wurzelkraft für dichte Lehmböden gut geeignet; wärmeliebend
- **Gefährdung:** Empfindlich gegen Spätfrost, Insekten (Eichenwickler, Schwammspinner), Pilz (Mehltau), Eichenmistel
- **Waldbauliche Merkmale:** Neigt zu Reinbeständen; am häufigsten Beimischung von Kiefer, Linde, Hainbuche und Buche; walzenförmiger Stamm mit großer, starkastiger Krone; Totastverlierer; sturmfest; Verjüngung durch Samenaufschlag oder Pflanzung; bis 40 m hoch, 800 bis 1000 Jahre alt werdend
- **Verwendung:** Wertvoll für Parkettböden, Furniererzeugung, Schiffsbau, Möbel, Schwellen- und Fassholz, Brennholz

Roteiche

Traubeneiche

3.3.3 Traubeneiche (*Quercus petraea*)

- **Vorkommen:** Baum des Hügellandes und des warmen Mittelgebirges
- **Wurzelsystem:** Pfahlwurzel; im Alter eher Herzwurzler
- **Ansprüche:** Lichtbaumart; weniger lichtbedürftig und anspruchsvoll als Stieleiche; verträgt mehr Trockenheit, meidet aber Staunässe; wärmeliebend; geradere und schlankere Stammform als Stieleiche, Totastverlierer
- **Gefährdung, Eigenschaften und Verwendung:** Ähnlich wie Stieleiche

3.3.4 Roteiche (*Quercus rubra*)

- **Vorkommen:** Nordamerikanischer Baum; bei uns von der Ebene bis ins Mittelgebirge
- **Wurzelsystem:** Pfahlwurzel; im Alter Herzwurzelsystem
- **Ansprüche:** Lichtbaumart; geringere Licht- und Standortansprüche und vor allem raschwüchsiger als die heimischen Eichen, vor allem auf schlechten Standorten
- **Gefährdung:** Frostgefährdet
- **Verwendung:** Holz ist weitringiger, weicher und nicht so widerstandsfähig als bei heimischen Eichen; Verwendungsmöglichkeiten sind ähnlich

3.3.5 Esche (*Fraxinus excelsior*)

- **Vorkommen:** Diese Baumart ist in Auwäldern sowie Gräben, Schluchten und Unterhängen mit fließendem Grund- und Hangwasser anzutreffen. Klimatisch ist sie nicht empfindlich und bis in Seehöhen von 1.200 m zu finden.
- **Wurzelsystem:** Senkerwurzeln mit flachstreichenden Seitenwurzeln
- **Ansprüche:** Sie benötigt zum einen nährstoffreiche, frische bis feuchte, tiefgründige Böden; sie ist aber auch auf trockenen Kalkstandorten zu finden. In der Jugend Halbschatt-, danach Lichtbaumart; wipfelschäftig, Totastverlierer
- **Gefährdung:** Eschentriebsterben, Spätfrost, Wildschäden
- **Verwendung:** Das Holz ist sowohl für die Wagnerei als auch für Werkzeugstiele, Sportgeräte, Möbel, Parketten und den Waggon- und Flugzeugbau verwendbar.

3.3.6 Weitere Baumarten

Ahorn (*Acer* sp.)

Zu unterscheiden sind der **Bergahorn** (*Acer pseudoplatanus*), **Spitzahorn** (*Acer platanoides*) und **Feldahorn** (*Acer campestre*). Alle Ahorne sind waldbaulich wertvoll. Die weitreichenden

Esche

Bergahorn

Herzwurzeln ermöglichen eine gute Bodenerschließung und ihre reichliche, leicht abbaubare Streu hilft, die Waldböden gesund zu erhalten. Halbschatt- bis Schattbaumart; wipfelschäftig, Totastverlierer. Die bevorzugten Standorte sind die der Esche. Das Holz ist weiß und dicht und wird gerne für Möbel, Tischplatten, handwerkliche Geräte, für Möbelfurniere und im Kunsthandwerk verwendet.

Ulme (*Ulmus* sp.)

Die im Mitteleuropa beheimateten **Bergulmen** (*Ulmus glabra*), **Feldulmen** (*Ulmus minor*) und **Flatterulmen** (*Ulmus laevis*) sind sehr anspruchsvolle, aber wertvolle Laubbäume. Sie brauchen Standorte ähnlich der Esche und bevorzugen das luftfeuchte Schluchtwaldklima sowie die Unterhänge. Gefährdet durch das „Ulmensterben". In der Jugend Pfahlwurzler, im Alter eher Herzwurzler. Das Holz mit seiner schönen Maserung findet Verwendung im Möbelbau, Kunstgewerbe und für Parkettböden.

Linde

Ulme

Linde (*Tilia* sp.)

Braucht mildes Klima und gute Böden. Die heimischen Arten **Sommerlinde** (*Tilia platyphyllos*) und **Winterlinde** (*Tilia cordata*) sind wertvolle Bodenverbesserer durch raschen Streuabbau und Bodenbeschattung. Herzwurzler. Spätfrostgefährdet. Schluchtwald- und Halbschatt- bis Schattbaumart. Leichtes, wertvolles Holz für Kunstgewerbe (Schnitzerei).

Hainbuche (*Carpinus betulus*)

Baumart des Weinklimas, wertvoller Bodenverbesserer. Auch Weiß- oder Hagebuche genannt. Halbschatt- bis Schattbaumart; reichlicher Streuspender und guter Bodendurchwurzler (Herzwurzler). Reinbestände sind jedoch nicht erstrebenswert. Härteste und schwerste heimische Laubbaumart; gutes Drechsler- und Brennholz.

Weißbuche

Vogelkirsche (*Prunus avium*)

Im Berg- und Hügelland, verlangt kalkhaltige Böden und sonnige Lagen, Totasterhalter, wertvolles, rötliches Furnier- und Möbelholz.

Vogelkirsche

Walnuss; Nussbaum (*Juglans regia*)

Benötigt mildes Klima und nährstoffreiche Böden; Lichtbaumart; Pfahlwurzler; Totasterhalter; wertvolles Möbelholz, neben der Walnuss gibt es mehrere ausländische Nussarten.

Walnuss

Edelkastanie (*Castanea sativa*)

Baum des Weinklimas; Pfahlwurzler; Halbschattbaumart; braucht bodensaure Silikatstandorte; spätfrostgefährdet; große Streuproduktion; Verwendung als Weinstecken, Zaun- sowie Hopfenpfahlholz. Schmackhafte Früchte (Maroni).

Edelkastanie

Birke (*Betula* sp.)

Am meisten verbreitet sind die **Gemeine Birke** (*Betula pendula*) und die **Moorbirke** (*Betula pubescens*). Robuste Pionierbaumart; kann rohe, tote und herabgewirtschaftete Böden neu besiedeln, festigen und verbessern; Herzwurzler; Lichtbaumart, Totasterhalter. Holz für Drechslerwaren, Plattenerzeugung, Furnierholz und Brennholz.

Erle (*Alnus* sp.)

Zu unterscheiden sind **Schwarzerle** (*Alnus glutinosa*), **Grauerle** (*Alnus incana*) und **Grünerle** (*Alnus viridis*). Sie sind ähnlich wie die Birken Pionierbäume auf vernässten Böden mit hochanstehendem Grundwasser (Schwarzerle) und rutschgefährdeten Hangwasserbereichen

Birke

Schwarzerle

Zitterpappel

Salweide

Elsbeere

Eberesche

(Grauerle). Herzwurzler; guter Streuabbau. Im Schutzwald des Hochgebirges treffen wir in nassen Hang- und Grabenbereichen die Grünerle. Erlenholz findet heute Verwendung in der Möbel- und Plattenindustrie.

Pappel (*Populus* sp.)

Die Pappelarten gehören mit Ausnahmen der Zitterpappel (Aspe) dem Auwald an. Pappeln lassen sich gut über Stecklinge vermehren. Diese Eigenschaft und die Möglichkeit, viele verschiedene Pappelarten untereinander zu kreuzen, hat mehrere Pappelzüchtungen hervorgebracht; sogenannte „Kulturpappeln" oder „Hybridpappeln". Die Bedeutung dieser Arten liegt weniger im Wald als vielmehr im Anbau von Schnellwuchsplantagen für Energieholz oder zur Zellstoffproduktion.

Die **Zitterpappel** (*Populus tremula*) ist eine anspruchslose und schnellwachsende Pionierbaumart, die vielfach als Vorwald-Baumart Verwendung findet.

Weide (*Salix* sp.)

Die Weiden gehören dem Auwald und feuchten Standorten an. Holzwirtschaftlich haben nur die Baumweiden Bedeutung, die ähnliche Erträge wie die Pappeln bringen. Strauchweiden finden wir auch als Pionierbäume bis in die Gletscherregion (Gletscherweide).

Eberesche; Vogelbeere (*Sorbus aucuparia*)

Pionierbaumart des Gebirgswaldes bis in die Zirbenregion, verträgt hohe Bodenversauerung.

Elsbeere (*Sorbus torminalis*)

Baum des Berg- und Hügellandes; liebt mildes Klima, sonnige Lagen und kalkhaltige Böden; wertvolles Holz, Fruchtgenuss.

Mehlbeere (*Sorbus aria*)

Ähnliche Ansprüche wie Elsbeere; Fruchtgenuss.

Zerreiche *(Quercus cerris)*

Bevorzugt warme und sonnige Standorte, trockenheitsverträglich, aufgrund des Klimawandels vermehrtes Auftreten; keine wirtschaftliche Bedeutung.

Robinie (*Robinia pseudoacacia*)

Stammt aus Nordamerika; sehr raschwüchsig, lichtbedürftig, starker Stockausschlag; sehr dauerhaftes Holz; Schiffsbau; Weinbergpfähle.

3.4 STRÄUCHER

Während man früher alle Sträucher, aber auch Birken, Erlen, Zitterpappeln und Ebereschen als „Unhölzer" betrachtete, weiß man heute, dass auch die Sträucher zur Lebensgemeinschaft Wald gehören und wertvolle Aufgaben haben:

- Sie schützen den Boden an Waldrändern und Blößen gegen Austrocknung und in Steillagen gegen Abschwemmung.
- Sie verbessern den Boden durch ihre Streu bzw. teilweise auch durch stickstoffsammelnde Wurzelbakterien.
- Sie ermöglichen eine waldschonende Wildäsung und bieten nützlichen Vögeln Nistgelegenheit.

Störend sind Sträucher nur dort, wo sie größere Flächen überwuchern und den Nachwuchs der jungen Bäume erschweren bzw. verhindern. Wie die Bodenpflanzen sind auch die Sträucher wertvolle **Standortanzeiger. Holunder** und **Traubenkirsche** zeigen z. B. einen nährstoffreichen Boden mit mildem Humus an. Das Vorkommen wärmeliebender Sträucher, wie **Hasel, Schneeball** und **Weißdorn**, lässt erkennen, dass auf ihrem Standort meist auch die Eiche, jedenfalls aber die Buche gedeihen könnte. **Elsbeere, Mehlbeere** und **Zwergholunder** zeigen einen gewissen Kalkgehalt des Bodens an. Der **Faulbaum** (Pulverholz) deutet auf eine Wasserführung in tieferen Bodenschichten. **Schlehe, Sauerdorn** (Berberitze), **Wilde Rose** und **Wacholder** weisen auf eine Beweidung durch Vieh und damit auf eine Bodenverdichtung hin.

Mehlbeere

Robinie

Hasel

Schwarzer Holunder

FRAGEN ZUM KAPITEL

1. Welche Aufgaben haben die Wurzeln?
2. Wie werden die Wurzeln nach deren Gestalt unterschieden?
3. Zählen Sie die Teile des Stammes von innen nach außen auf und erklären Sie deren Funktion.
4. Nennen und erklären Sie die unterschiedlichen Lichtansprüche der verschiedenen Baumarten.
5. Unterscheiden Sie die Nadel- bzw. Laubbäume nach:
   a. Wurzeltypen
   b. Lichtansprüchen
6. Welche Funktionen erfüllen die Sträucher im Wald?

4. FORMEN DES FORSTBETRIEBES

Abhängig von den Standortverhältnissen, dem Waldaufbau sowie regionalen Gewohnheiten gibt es mehrere Möglichkeiten für die Art der Waldbewirtschaftung, die als Betriebsformen bezeichnet werden. Alle diese **Betriebsformen** haben das Ziel, unter Berücksichtigung ökologischer Faktoren möglichst nachhaltig gesundes Holz zu ernten und gleichzeitig für die Wiederverjüngung des Waldes zu sorgen. Die Beurteilung der verschiedenen Verfahren muss einerseits die Holzernte und andererseits die Wiederverjüngung berücksichtigen.

Neben diesen Betriebsformen gibt es Sonderbetriebsformen, die zwar auch der Erzeugung von Holz dienen, wegen zu geringer Vegetationsfläche oder Umtriebszeit forstrechtlich aber nicht als Waldbewirtschaftung angesehen werden, sondern der landwirtschaftlichen Produktion zuzurechnen sind (z. B. Energieholzanbau).

4.1 BETRIEBSFORMEN IM HOCHWALD

Der Hochwald als Betriebsform ist aus generativer Verjüngung, aus Samen entstanden. Diese Verjüngung kann künstlich, durch Aufforstung oder durch Naturverjüngung erfolgen.

Kahlschlagbetrieb
- Kahlschlag
- Saumschlag

Dauerwaldbetrieb
- Schirmschlag
- Femelschlag
- Plenterwald

4.1.1 Kahlschlagbetrieb

Beim Kahlschlagbetrieb werden ein ganzer Bestand oder Teile zur Gänze geerntet. Zur Förderung von wirtschaftlich interessanten Lichtbaumarten können sogenannte Überhälter (maximal drei bis fünf pro ha) auf der Freifläche als Samenbäume belassen werden (z. B. Lärche oder Weißkiefer).

Durch den Kahlschlag entsteht eine Waldblöße, die dann wieder aufgeforstet oder auf kleinen Flächen durch Samenanflug, meist Pioniergehölze, natürlich verjüngt wird.

Der Kahlschlag erleichtert die Planung, Nutzung und den Abtransport des Holzes. Der neue Bestand kann mit neuen Baumarten in unterschiedlichster Mischungsform neu begründet werden. Ökologische Nachteile, Bodenerosion und Nährstoffverluste, Zuwachsverluste und erhöhte Pflege in der Jugend sind den Vorteilen gegenüberzustellen.

Kahlschlag

Saumkahlschlag

- Kahlschläge, die größer als 0,5 ha sind, müssen vor der Nutzung bei der Forstbehörde angemeldet werden.
- Kahlschläge müssen innerhalb von fünf Jahren aufgeforstet werden. Bei natürlicher Verjüngung muss diese innerhalb von zehn Jahren gesichert sein.

Großkahlschlag

Kahlschläge mit einer Fläche von über 2 ha oder mit einer Breite von über 50 m sind forstrechtlich verboten, weil nicht nur die Aufforstung und nachfolgende Pflege schwierig ist, sondern auch die Bodenverhältnisse durch Erosion, Austrocknung und konkurrierende Beikräuter und Sträucher beeinflusst werden.

Das Forstgesetz verbietet im Allgemeinen Kahlschläge, die

- breiter als 50 m und größer als 2 ha sind,
- schmäler als 50 m und länger als 600 m sind.

Große, gleichaltrige Bestände sind rechtzeitig durch Aufhiebe, das sind 20–30 m breite Streifen, zu unterteilen, damit sich Windmäntel bilden können. Die Nutzung soll auf der Seite, die der Hauptwindrichtung abgewandt ist, beginnen. Jüngere Nachbarbestände können vor Windschäden bewahrt werden, wenn an der Bestandsgrenze schmale Aufhiebe gemacht werden.

Weniger nachteilig sind schmale Kahlschläge, sogenannte Saumkahlschläge, die nicht breiter als ein bis eineinhalb Baumlängen sind. Sie sind meist durch Nachbarbestände geschützt und teilweise überschattet. Im steilen Gebirgswald sind sie oft die einzig mögliche Wirtschaftsform.

Saumkahlschlag

Kahlschläge sollen vorwiegend in Form von Saumkahlschlägen vorgenommen werden. Auf solchen Schlägen kann bei günstigen Bedingungen (Nordsaum) eine natürliche Verjüngung erfolgen, die durch „Überhälter“ (Lärche, Föhre) unterstützt wird. Der Hiebfortschritt erfolgt ab Sicherung der benachbarten Kultur. Saumkahlschläge unterstützen in der Naturverjüngung hauptsächlich Lichtbaumarten.

Ein Saumkahlschlag soll nur auf schlechteren Böden mit geringer Beikrautkonkurrenz und immer gegen die Hauptwindrichtung angelegt werden!

4.1.2 Dauerwaldbetrieb

Beim Dauerwaldbetrieb wird der Wald nie großflächig kahlgeschlagen. Im Gegensatz zur Kahlschlagwirtschaft entsteht dadurch keine Unterbrechung des Holzzuwachses. Die Waldverjüngung erfolgt durch Samenanflug oder Aufschlag unter dem Schirm des Altholzes, der erst nach und nach durch die Nutzung der hiebreifen Stämme freigestellt wird. Erschwert ist vor allem die Holzernte.

Gebräuchliche Betriebsformen der Dauerwaldwirtschaft sind: Schirmschlag, Femelschlag und Plenterung.

Schirmschlag

Schirmschlag

Der Schirmschlag ist eine Sonderform des Dauerwaldbetriebes in Buchenwäldern, bei dem die Lichtstellung großflächig durch allmähliche, gleichmäßige Auslichtung des Altbestandes erfolgt. Es wird dadurch eine gleichmäßige, dichte Naturverjüngung erreicht. Dieses Naturverjüngungsverfahren wird auch bei Fichte angewandt, nur muss der Eingriff vorsichtiger erfolgen, da die Gefahr von Windwürfen droht. Durch Schirmschläge werden in erster Linie Halbschatt- und Schattbaumarten verjüngt.

Eine Sonderform ist der Saumschirmschlag, der eine Kombination des Schirm- und des Saumschlages ist. Diese Betriebsform wird meist im steilen Gelände eingesetzt.

Femelschlag

Femelschlag

Bei dieser Betriebsform erfolgt die natürliche Verjüngung von kleinen Verjüngungskernen aus, die meist von selbst in Lücken und lichteren Stellen (z. B. innerhalb des Bestandssaumes) entstehen. Die gesamte Verjüngung eines Bestandes dauert viele Jahrzehnte und es können dadurch hauptsächlich nur Schatt- und Halbschattbaumarten verjüngt werden. Der gesamte Bestandsaufbau ist gruppen- und horstweise ungleichaltrig und, weil unter dem Altholzschirm herangezogen, nicht grobastig oder protzig, sondern von hervorragender Qualität. Die Entnahme der hiebreifen Bäume erfolgt beim Femelschlagbetrieb so, dass die natürlichen Verjüngungskerne allmählich erweitert werden. Je nachdem, wie dies geschieht, unterscheidet man zwischen Ring-(Loch-) und Saumfemelschlagbetrieb.

> Beim Ringfemelschlag werden die Verjüngungshorste durch „Rändelhiebe" der hiebreifen Stämme freigestellt.

Der Jungwuchs erhält durch den Ringfemelschlag mehr Licht. Diese Betriebsform ist allerdings nur im Flach- und Hügelland anwendbar, weil das geerntete Holz zufolge der meist kreisförmigen Rändelhiebe schwieriger zum Ausbringen ist. In Berglagen, wo das Holz in der Falllinie durch Seilnutzungen bergauf gerückt werden muss, ist die Verjüngung nur entlang der Altholzsäume im Bereich der Falllinie mit ausreichender Holzmenge möglich. Seilnutzungen bergab werden aus pfleglicher und wirtschaftlicher Hinsicht im Saumfemelschlag nicht empfohlen.

Beim Saumfemelschlag werden die Verjüngungen durch „Saumhiebe“ der hiebreifen Stämme am Altholzsaum freigestellt. Dieses Verfahren ermöglicht auch im Gebirge eine Dauerwaldwirtschaft.

Plenterung

Diese ist die klassische Form des Dauerwaldbetriebes und steht im größten Gegensatz zum Kahlschlagbetrieb, weil der Wald im Bestandsaufbau annähernd gleich bleibt.

Beim Plentern erfolgt die Nutzung einzelstammweise und ist einerseits auf die schlechtgeformten oder andererseits auf die hiebsreifen Bäume ausgerichtet. Die Hiebsreife richtet sich einerseits nach dem physiologischen Zustand des Baumes oder nach dessen Zielstärke.

Der Plenterwald ist dadurch ungleichaltrig und umfasst Bäume jedes Alters vom Keimling bis zum über 100-jährigen hiebreifen Baum.

Die Plenterung ist eine Wirtschaftsform mit hohen Holzvorräten auf dem Hektar und dementsprechend hohen Zuwachsleistungen. Nachteilig sind die schwierige Holzernte im Plenterwald und die Notwendigkeit eines besonders dichten Wegenetzes. Lichtbaumarten lassen sich kaum verjüngen. Die Naturverjüngung von Halbschatt- und Schattbaumarten ist ein Koppelprodukt der Zuwachslenkung auf den starken, vitalen, zuwachsfreudigen Baum. Wird die Nutzung zu stark, kann leicht ein „Plünderwald“ entstehen.

Plenterung

4.1.3 Vergleich von Kahlschlag und Plenterung

	Kahlschlag	Plenterung
Holzanfall	Konzentriert auf kleiner Fläche	Verteilt über den gesamten Bestand
Holzernte und Holzbringung	Relativ einfach	Schwierig wegen Rücksicht auf Verjüngung und verbleibenden Bestand
Sortimentsverteilung	Alle Dimensionen	Vorwiegend Starkholz; günstiges Stück-Masse-Verhältnis
Verjüngung	Meist künstlich	Natürlich
Folgebestand	Gleichaltrig, einförmig	Ungleichaltrig, stufig, mehrschichtig
Pflegeaufwand	Hoch für Kultur und Dickungspflege, Durchforstung	Gering
Boden	Freifläche, Abschwemmung, Austrocknung, Nährstoffverluste möglich	Bleibt bedeckt
Bestandesklima	Wird gestört	Bleibt erhalten
Holzzuwachs	Kurzzeitig unterbrochen	Dauernder Zuwachs im Altholz bei gleichzeitiger Verjüngung
Bestandesrisiko	Groß durch einförmigen Bestand	Gering

Bei einer betriebswirtschaftlichen Beurteilung der beiden Betriebsformen ist der Plenterwald überlegen, da er außer den Holzerntekosten praktisch keine Kosten verursacht, während der Kahlschlag hohe Folgekosten für die Wiederaufforstung und die Kultur- sowie Bestandespflege aufweist.

Die Wahl der richtigen Betriebsform wird von der Dichte des Wegenetzes, der Verjüngungsfreudigkeit, den örtlichen Witterungs- und Schädlingsgefahren, der Naturwaldtype, der Seehöhe, der Geländebeschaffenheit usw. beeinflusst. Katastrophen können zu einer Änderung geplanter Nutzungsformen zwingen. In Bann- und Schutzwäldern bestehen Vorschriften über die Art der Nutzung. Es empfiehlt sich, bei der Endnutzung den Rat eines Forstfachmannes einzuholen.

In der Praxis findet man die verschiedenen Betriebsformen vielfach nicht in reiner Form vor.

Waldbesitzer und Waldbesitzerinnen sollen Betriebsformen nicht als starres Konzept sehen, sondern jeweils aufgrund der bestehenden Voraussetzungen das Bestverfahren festlegen und langfristig verfolgen.

4.2 BETRIEBSFORM NIEDER- UND MITTELWALD

Beim **Niederwaldbetrieb** wird der Laubholzbestand geerntet und aus Stockausschlägen und Wurzelbrut neu begründet. Das Holz wird vorwiegend als Energieholz verwendet.

Die Umtriebszeit ist mit 30 bis 40 Jahren relativ kurz. Bei längerer Umtriebszeit leidet die Ausschlagskraft der Stöcke. Nach der Ausschlagsfähigkeit finden wir im Niederwald hauptsächlich Laubbäume wie Eichenarten, Hainbuche, Bergahorn, Robinie, Edelkastanie, Erle und Weide.

Niederwald hat keinen hohen Wertertrag. Daher wird teilweise versucht, ihn in einen Hochwald überzuführen. Als Zwischenstufe ist der **Mittelwald** möglich, in dem schön geformte Kernwüchse gefördert werden (meist Eiche, Kirsche, Nuss) und der Begleitbestand niederwaldartig genutzt wird.

Stockausschlag

Achtung: Die Stämme der wertvollen Kernwüchse müssen immer beschattet bleiben!

4.3 SONDERBETRIEBSFORMEN

Die folgenden Betriebsformen dienen der Holzproduktion außerhalb des Waldes auf landwirtschaftlichen Flächen.

4.3.1 Flurholzanbau

Flurholzanbau nennt man die Holzproduktion auf Flächen, die von der Größe her nicht Wald sind (siehe auch Walddefinition S. 151).

Solche Flächen sind Baumstreifen unter 10 m Breite entlang von Bach- und Flussufern, Wegrändern, Feldgrenzen usw.

Flurholz wird meist niederwaldartig genutzt und vorwiegend als Brennholz verwendet. Achtung: Flurholzstreifen entlang von Gewässern sind meist naturschutzrechtlich geschützt, eine Nutzung ist nur mit Einschränkungen möglich!

Flurholzanbau

4.3.2 Energieholzanbau

Energieholzanbau verfolgt den Zweck, auf landwirtschaftlichen Flächen in möglichst kurzer Zeit möglichst viel Biomasse zur energetischen Nutzung, meist in Form von Hackgut, zu produzieren.

Die als Energieholz verwendeten Baumarten sollen

- raschwüchsig sein,
- rasch eine hohe Massenleistung erbringen,
- nach der Ernte wieder aus dem Stock austreiben.

Diese Eigenschaften erfüllen am ehesten Pappel, Weide, Erle, Robinie und Birke.

Pappel und Weide werden mittels Stecklingen ausgepflanzt. Dafür soll die Fläche allerdings gepflügt und geeggt sein. Damit die Austriebe nicht durch Unkrautkonkurrenz verdrängt werden, sind eine Düngung der Stecklinge und ein Entfernen der Konkurrenzvegetation mechanisch oder durch Herbizide notwendig. Bei den anderen Baumarten erfolgt die Begründung mit bewurzelten Pflanzen.

Wichtig ist, dass bei der Anlage der Kultur durch ausreichende Pflege ein optimaler Anwuchs sichergestellt wird. Sobald der Bestand flächendeckend ist, ist keine Pflege mehr notwendig. Um eine hohe Massenleistung zu erzielen, muss der Energieholzanbau auf guten landwirtschaftlichen Standorten erfolgen. Dort bietet er eine Alternative zu Überschussproduktion in der Landwirtschaft.

Die Umtriebszeit beträgt je nach Baumart, Pflanzenverband und gewünschter Stärke zwischen drei und 20 Jahren.

Die Ernte erfolgt in der Saftruhe, damit die Ausschlagsfähigkeit nicht leidet. Das geerntete Holz wird entweder gelagert, damit es abtrocknen kann, oder gleich bei der Ernte verhackt. Das nasse Hackgut kann nur in Großanlagen verbrannt werden, ansonsten ist eine Hackguttrocknung notwendig.

Hochmechanisierte Energieholznutzung

Energieholzanbau

4.3.3 Christbaumkultur

Christbaumkulturen werden vor allem auf Grenzertragsböden angelegt. Geeignete Baumarten sind neben der einheimischen Fichte und Tanne vor allem ausländische Nadelbäume wie Blaufichte, Nordmannstanne, Große Küstentanne, Pazifische Edeltanne und Omorikafichte. Eine Einzäunung der Fläche ist ratsam.

FRAGEN ZUM KAPITEL

1. Beschreiben Sie die Vor- und Nachteile einer plenterartigen Bewirtschaftung!
2. Nennen Sie die Vor- und Nachteile eines Kahlschlagbetriebes!
3. Nennen Sie die sinnvollsten Verjüngungsmethoden für Schattbaumarten und warum sollen diese eingesetzt werden?
4. Welche Betriebsformen kennen Sie im Hochwald?
5. Erklären Sie den Unterschied zwischen Hoch-, Mittel- und Niederwald.

5. AUFSCHLIESSUNG DES WALDES

Die Aufschließung des Waldes ist Voraussetzung für seine rationelle Bewirtschaftung. Die **Generalerschließung** erfolgt durch Forststraßen (dauernde Anlagen). Zur zusätzlich notwendigen **Feinerschließung** (zeitweilige Anlagen) dienen Rückegassen, Rückewege und in Steillagen Seilgassen. „Allwetterstraßen" haben einen höheren Ausbaustandard, „Schönwetterstraßen" dürfen nur bei Trockenheit oder Frost befahren werden (billigere, vielfach ausreichende Anlagen). Laufende Instandhaltung und periodische Instandsetzung von Erschließungsanlagen sind besonders wichtig. Forststraßen sind Betriebsflächen, die dem Transport sowie als Arbeits-, Lager- und Verladeplatz dienen.

5.1 GENERALERSCHLIESSUNG

5.1.1 Forststraßenbau

Forststraßen sind für den Verkehr von Kfz und Fuhrwerken bestimmte, nichtöffentliche Straßen mit den dazugehörenden Bauwerken, die der Bringung und dem wirtschaftlichen Verkehr innerhalb der Wälder sowie der Verbindung zum öffentlichen Verkehrsnetz dienen, und für eine Dauer von mehr als einem Jahr angelegt werden. (Forstgesetz 2002)

Der Bau einer Forststraße muss bei der Bezirkshauptmannschaft angemeldet werden und bedarf einer forstrechtlichen Bewilligung. Eine naturschutzrechtliche Bewilligung ist von den jeweiligen Landesgesetzen abhängig. Das Forstgesetz schreibt vor, dass die Planung und Bauaufsicht von Forststraßen befugten Forstfachkräften vorbehalten ist. Befugte Fachkräfte für die Planung sind Absolventen der Universität für Bodenkultur, Fachrichtung Forstwirtschaft und Wildbach- und Lawinenverbauung. Die Bauaufsicht dürfen zusätzlich Absolventen der Höheren Bundeslehranstalt für Forstwirtschaft (Försterschule) ausüben.

Die Öffentlichkeit hat das Recht, private Forststraßen zu begehen. Verboten oder an eine ausdrückliche Genehmigung des Waldbesitzers gebunden sind das Fahren, Reiten, Radfahren, Schlittenfahren und Lagern während der Nachtstunden im Wald.

Mindestanforderungen an Forststraßen im Wirtschaftswald:

- Straßendichte 30 bis 60 lfm/ha (abhängig von der Betriebsform)
- Straßenabstand 160 bis 350 m
- Fahrbahnbreite mindestens 3,50 m
- Planumbreite (Fahrbahn + Bankett + bergseitiger Graben) 4,50 m
- Längssteigungen wechselnd 5 bis 10 % (12 % nur auf kurzen Strecken)
- Querneigungen (Wasserabfluss) 3 bis 4 %
- Kurvenradien mindestens 8–12 m (von der Wegmitte gemessen)
- Kurvenlängssteigung höchstens 6 %
- Böschungswinkel bei Erdbauten im Verhältnis 4 : 5, Felsböschungen können steiler sein

Maßstäbe für die Aufschließung des Waldes durch Forststraßen:

$$\text{Straßendichte (lfm/ha)} = \frac{\text{Straßenlänge in Laufmeter (lfm)}}{\text{Waldfläche in Hektar (ha)}}$$

$$\text{Aufschließungsgrad (\%)} = \frac{\text{Erschlossene Waldfläche (ha) x 100}}{\text{Gesamte Waldfläche (ha)}}$$

$$\text{Straßenabstand (m)} = \frac{\text{1 Hektar (in m}^2\text{)}}{\text{Straßendichte}}$$

Die Straßendichte und der Wegabstand hängen von den jeweiligen Standortverhältnissen, der Geländeform, aber vor allem von der jeweiligen Nutzungsform ab. Fahrbahnbreiten wechseln (im Gegensatz zu anderen Straßen), da Arbeits- und Lagerplätze für Rundholz erforderlich sind. Überschüssiges Baumaterial muss fachgerecht, schonend und entsprechend den Bestimmungen gelagert werden.

Kurven und Kehren müssen mit dem notwendigen Minimalradius von 8 m, einer Kurvenverbreiterung, einem Übergangsstück, einer innenliegenden Sichtberme und einer außenliegenden Langholzberme, einer maximalen Querneigung von 3 bis 4 % und einer maximalen Längsneigung von 5 bis 6 % ausgestattet sein.

Wichtige Wegbaumaschinen sind:

- Erdbaumaschinen (Bagger, Planier- und Schubraupen, Laderaupen und Radlader, die ab 60 % Hangneigung zwingend vorgeschrieben sind)
- Felsbaumaschinen (Schrämm- und Bohrhämmer, Kompressoren, Hammerbagger, Fräsköpfe)
- Profiliermaschinen (Motorgrader, Anhängegrader)
- Verdichtungsmaschinen (Glatt- und Gummiwalzen, Vibrationswalzen und -platten, Schaffußwalzen)
- Maschinen zur Verbesserung der Tragfähigkeit der Wege (Bodenfräsen, Ortsmischmaschinen)
- Transportfahrzeuge (Lkw mit Allrad und Kippeinrichtung, Muldenkipper, Traktor-Kippanhänger)
- Bohrlafette (zum Bohren von Sprenglöchern in felsigem Gelände)
- Mobile Bruchschotteraufbereitungsanlage (Steinbrecher)

Je nach Schwierigkeit des Geländes können bei Einsatz der entsprechenden Maschinen pro Tag 40 bis 160 lfm Forststraße angelegt werden.

Der größte Feind der Forststraße ist das Wasser. Seine zerstörerische Wirkung beruht auf Abschwemmung, Eindringen in die Fahrbahn, Aufweichen und Verminderung der Tragfähigkeit, Ausdehnung beim Gefrieren sowie chemischer Lösung.

Löffelbagger beim Forststraßenbau

Wichtige Maßnahmen zur Wasserableitung:

- Möglichst keine ebenen Wegstücke anlegen
- Hangentwässerung mittels Fanggräben
- Längsentwässerung durch Fahrbahngestaltung mit Spitz-, Dreiecks-, Trapez- oder Muldengraben
- Die Querentwässerung erfolgt mit einer entsprechenden Bombierung der Straße, oberirdisch mittels Furten, Weiderosten und Wasserspulen, unterirdisch mit Durchlässen aus Beton, Wellblech, Kunststoff oder Stahl
- Bachquerungen sind etweder durch geeignete Rohre, dimensioniert auf das 100-jährige Hochwasser (HQ 100), oder Brücken, bestenfalls aus Holz, dimensioniert nach der Brückenklasse 1, durchzuführen.

Spitzgraben – mit Einlassschacht für einen Durchlass

Krainerwand

Geotextilien

Den Übergang vom Weg zum Wald bilden die Böschungen. Sie sind der Erosion ausgesetzt und weithin sichtbar. Da die Böschungen Ausgangspunkt von Wegverschüttungen und Absacken ganzer Wege sein können, muss ihnen besondere Aufmerksamkeit geschenkt werden. Neben richtigen Böschungswinkeln können technische Bauweisen (Mauern, Steinschlichtungen, Drahtschotterkörbe, Krainerwände) und ingenieurbiologische Maßnahmen (Grünverbauung, Lebendverbauung) zielführend sein.

Zur Sicherung von Böschungen und Querung labiler Hänge bewähren sich kombinierte Bauweisen am besten (Krainerwände aus Holz oder Steinschlichtungen, kombiniert mit Saat, Steckhölzern, ausschlagfähigen Ruten, bewurzelten Gehölzen). Neben den biologischen Stabilisierungsmöglichkeiten werden in den letzten Jahren auch Geotextilien zur Stabilisierung rutschungsgefährdeter Bauwerke eingesetzt.

Eine wirtschaftliche Erschließung des Bauern- und Kleinwaldes ist vielfach nur im Rahmen von Weggenossenschaften bzw. forstlichen Bringungsgemeinschaften möglich. Für den einzelnen Besitzer sollte ein Forstweg nicht zu einer „Hühnerleiter“ werden, wo Kehre hinter Kehre liegt und große Flächen der Waldbewirtschaftung entzogen werden.

5.1.2 Forststraßenerhaltung

Der Waldeigentümer wird durch das Forstgesetz zur Erhaltung von Forststraßen verpflichtet. Haftung für Schäden durch schlechten Wegzustand regelt das „Allgemeine Bürgerliche Gesetzbuch“.

Bei Verkehrsunfällen auf Forststraßen werden Kraftfahrgesetz und Straßenverkehrsordnung sinngemäß angewendet. Gegen unbefugtes Befahren schützen absperrbare Schranken und Tafeln „allgemeines Fahrverbot“ mit der Inschrift „Forststraße“.

Die Ursache von Fahrbahnschäden sind insbesondere Baufehler, Einwirken von Wasser infolge mangelnder Ableitung, tiefe Radspuren, verlegte Seitengräben und Durchlässe, Schlaglöcher infolge schlechter Verdichtung des Oberbaues, Rückearbeiten bei Schlechtwetter. Maßnahmen, die hier entgegenwirken, ersparen Kosten für sonst notwendige Instandsetzungen.

Grobsteinige, ausgeschwemmte Wege können mit Steinfräsen und anschließendem Graderzug wieder fahrtauglich gemacht werden.

Sehr weiche und instabile Forststraßen müssen mit einer entsprechenden Bruchschotterschicht von mindestens 30 cm stabilisiert werden. Das Einfräsen von biologischen Enzymen ist eine weitere Möglichkeit, weiche, instabile Forststraßen zu festigen.

Je nach Witterung ist eine Nachbesserung der Forststraße mit Grader und Walze notwendig.

Wichtige Erhaltungsarbeiten:

- Straßengräben und Einfallschächte reinigen
- Freihalten der Wasserspulen bzw. der Rohrdurchlässe
- Wegleiten stehenden Wassers vom Weg
- Behebung lokaler Fahrbahnschäden nach Rückearbeiten und Unwettern
- Sichtpflöcke bei den Einfallschächten setzen
- Böschungen sichern (technisch, biologisch)
- Brücken auf Tragfähigkeit prüfen bzw. Belag, Tragwerk und Widerlager erneuern

5.2 FEINERSCHLIESSUNG

Die Rückung des Holzes vom Fällort zur Abfuhrstraße soll möglichst schonend für Waldboden, Bestand sowie das Holz selbst sein und rationell und unfallsicher erfolgen. Probleme gibt es dabei besonders im Gebirge.

Voraussetzung für die gewünschte Form der Rückung ist eine entsprechende Feinerschließung des Waldes.

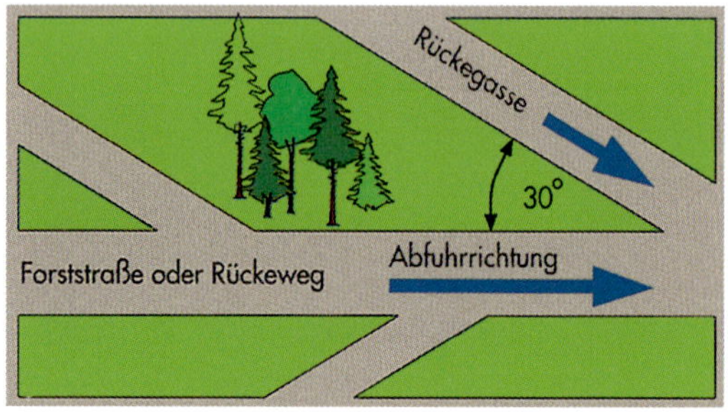

Beispiel für Rückegassen im flacheren Gelände

5.2.1 Rückegassen

Rückegassen werden im Bestand unter Ausnutzung natürlicher Lücken möglichst gerade angelegt. Der Waldboden dient als Fahrbahn. Ihr Verlauf muss im ebenen bis hügeligen Gelände spitzwinkelig zur Straße und im steileren Gelände bis ca. 40 % in der Falllinie erfolgen.

Vor Festlegung der Rückegassen sind die Arbeitsfläche, die Abfuhrrichtung und die Lager- und Manipulationsplätze zu bestimmen sowie die Feinerschließung durch mehrmaliges Begehen der Arbeitsfläche zu erkunden.

Bei der **Anlage von Rückegassen** ist Folgendes zu beachten:

- Gassenabstände 20 bis 30 m
- Die Gassenbreite ist die Maschinenbreite + 1 m (Seilgasse ca. 2 m)
- Fischgrätenartig mit spitzem Ausfahrtswinkel in Forststraße einbinden
- Alte Wegtrassen möglichst mit berücksichtigen
- Kurvenvermeidung
- Randbäume schützen (Pflöcke, Baumstummel, Steine, Reisig)
- Wassergräben als Erosionsschutz erhalten

5.2.2 Rückewege

Rückewege (Maschinenwege) sind mit geringem Aufwand erstellte Erdwege mit maximal 20 % Steigung und maximal 40 % Gefälle für Traktoren.

Sie dienen der Erschließung von Hängen mit 30 bis 60 % Neigung oder zur Überwindung von Steilstücken zwischen flacheren Waldflächen.

Rückeweg

Seilgasse

5.2.3 Seilgassen

Seilgassen werden in steilerem, nicht befahrbarem Gelände angelegt. In Verbindung mit Forststraßen verlaufen sie in der Falllinie oder auch schräg zum Hang.

Sie dienen dem Bodenzug auf Entfernungen bis ca. 70 m und dem Hebeschleifzug bis ca. 200 m. Für größere Entfernungen (150 bis 800 m) setzt man Tragseile (Seilkräne) ein.

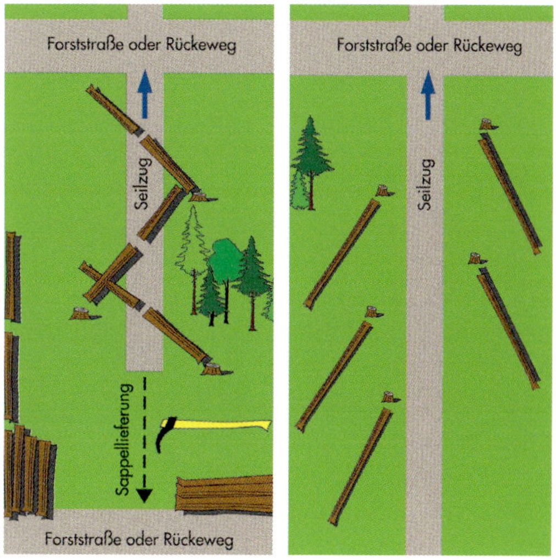

Beispiele für Seilgassen

FRAGEN ZUM KAPITEL

1. Wer darf Forststraßen planen, wer hat die Bauaufsicht?
2. Was ist bei der Anlage von Rückegassen zu beachten?
3. Was sind Krainerwände, was sind Geotextilien und wann werden diese eingesetzt?
4. Welche Maßnahmen sind für den langfristigen Erhalt von Forststraßen und Rückwegen zu treffen?
5. Nennen Sie die technischen Mindestanforderungen an Forststraßen!

6. VERJÜNGUNG DES WALDES

Aus ökonomischen Gründen ist es sinnvoll, eine Waldfläche so rasch wie möglich wieder zu verjüngen. Dies kann durch natürlichen Samenanflug oder -aufschlag (Naturverjüngung), Stockausschläge (Niederwald), Wurzelbrut oder durch künstliche Verjüngung mit Aussaat oder Pflanzung junger Bäume (Aufforstung) geschehen.

6.1 REIN- ODER MISCHBESTAND

Der natürliche Wald ist in der Regel ein Mischbestand, der sich je nach Standort aus bestimmten Baumarten zusammensetzt (Naturwaldtypen). Die vom Menschen vielfach angelegten Reinbestände einer einzigen Baumart (z. B. Fichtenreinbestand) entwickeln sich deshalb schlechter, weil aufgrund gleicher Wurzeltiefen und Lichtansprüche die natürlichen Möglichkeiten des Standortes nicht voll ausgenützt, der Boden verschlechtert und der Nährstoffkreislauf gebremst wird.

In Mischwäldern treten weniger Schäden auf, da die einerseits natürlichen Gegenspieler zu forstlichen Schadinsekten ausreichend vorkommen und andererseits diese Waldform auch stabiler gegen abiotische Schäden ist. Natürliche, standortangepasste Mischbestände sind auch gegen Einflüsse des stattfindenden Klimawandels stabiler.

In den höheren Lagen, wo Laubbäume keine hohe Konkurrenzkraft entwickeln, sind Nadelholzmischbestände aus Fichte, Tanne und Lärche natürlich und daher auch stabil.

Bei der Verjüngung des Waldes sollen keine Reinbestände, sondern standortgemäße Mischbestände angelegt werden, da diese stabiler sind und damit auch den nachhaltigsten Ertrag sichern.

Bei der Aufforstung sollen die dem Hauptbestandteil **beigemischten Baumarten** nicht einzeln oder in Reihen, sondern **in Horsten und Gruppen** eingebracht werden. Einzeln eingemischte Jungpflanzen verschwinden später durch geringere Konkurrenzkraft fast immer. Bei natürlich durch Samenanflug, fallweise durch

Instabiler Nadelwald

Mischbestand

Stockausschläge oder Wurzelbrut verjüngten Beständen ist der Ausfall bzw. Abgang von Jungpflanzen um ein Vielfaches höher.

Richtig ist nicht die Einzelmischung, sondern die horst- und gruppenweise Laubbaumbeimischung, die einerseits dem Betriebsziel des Waldbesitzers und andererseits den natürlichen Verhältnissen entspricht.

6.2 NATURVERJÜNGUNG

Bei bestimmten Arten der Waldbewirtschaftung kann die Verjüngung des Waldes durch natürlichen Samenanflug (leichte Samen von Fichte, Lärche, Föhre, Birke usw.) oder Samenaufschlag (schwere Samen von Buche, Eiche, Nuss usw.) erfolgen.

Voraussetzung für die natürliche Verjüngung ist das Vorhandensein geeigneter Samenbäume. Weiters erforderlich sind Standortbedingungen, die das Ankeimen und die Weiterentwicklung der jungen Pflanzen ermöglichen. Der Wildstand darf das Aufkommen von wertvollen Mischbaumarten nicht verhindern.

Naturverjüngung ist nur bei Vorhandensein geeigneter Samenbäume, entsprechender Standortverhältnisse und einem angepassten Wildstand möglich.

6.2.1 Vorbereitung

Auf gesunden Böden verjüngt sich der natürliche Mischwald an jeder offenen Bodenstelle, an der genügend Licht für die jeweilige Baumart vorhanden ist.

Auf schlechten Böden mit Rohhumusauflagen keimen Samen nur schwer oder überhaupt nicht an. Einzig die Zirbe bevorzugt Rohhumusauflagen für die natürliche Verjüngung.

Ein besseres Keimbett lässt sich durch Bodenverwundung (Aufreißen des Bodens) mit Aufforstungskrampen, Hauen, Forstfräsen, Pflügen, Pflanzlochbohrern und dergleichen erreichen.

6.2.2 Naturverjüngung auf freien Flächen

Naturverjüngung auf freien Flächen ist nur mit Lichtbaumarten, wie Lärche, Kiefer, Birke, Zitterpappel, möglich.

Schatt- und Halbschattbäume vertragen die Standortbedingungen eines Kahlschlages (Trockenheit, Unkrautwuchs, Spätfröste usw.) nicht bzw. nur schwer.

Schmale oder kleine Kahlflächen können durch Randbesamung von einem angrenzenden Altholzbestand aus verjüngt werden. Bei breiten Schlägen ist diese Art der Naturverjüngung nicht möglich.

Freiflächen können durch den Samen stehengelassener Samenbäume, sogenannter Überhälter, verjüngt werden.

Naturverjüngung im aufgelichteten Altbestand

Samenbäume (Lärchenüberhälter)

Naturverjüngung unter Schirm

Derartige Samenbäume (Überhälter) sollen dabei möglichst gleichmäßig auf der Schlagfläche verteilt sein. Auszuwählen sind nur fehlerfreie Bäume mit gut entwickelter Krone und einem tiefstreichenden Wurzelsystem. Überhälter vermindern auch die Frostgefahr.

Lärchen und Föhren eignen sich gut als Samenbäume auf Freiflächen, da sie Tiefwurzler sind und eine dicke Borke haben, die sie vor Rindenbrand schützt.

Je ha lässt man drei bis fünf erstklassige Überhälter stehen. Diese werden erst weggenommen, wenn genügend Pflanzen nachgewachsen sind.

Da Reinbestände nicht anzustreben sind, ist diese Art der Naturverjüngung erst dann erfolgreich, wenn sich unter dem Schutz des Jungwuchses Fichten, Tannen, Buchen usw. entwickeln (Anflug oder Aufforstung). Der Oberstand von Lärchen, Föhren usw. wird erst kräftig durchforstet, so dass die nachwachsenden anderen Baumarten einen entsprechenden Standraum erhalten.

6.2.3 Naturverjüngung unter Schirm

Die im Dauerwaldbetrieb übliche Naturverjüngung „unter Schirm“ ist nur mit Halbschattbaumarten, wie Fichte, und Schattbaumarten, wie Tanne und Buche, möglich.

Den Schirm für die nachwachsenden Jungbäume bildet ein mehr oder weniger aufgelockerter Altholzbestand. Da der Lichtbedarf des Jungwuchses mit zunehmendem Alter ansteigt, müssen laufend Altbäume entnommen werden.

Bei zu viel Schatten bleiben Halbschatt- und besonders Lichtbaumarten in ihrem Wachstum stecken, was an kurzen Endtrieben und unregelmäßigem Wuchs erkennbar ist. Derartige Pflanzen erholen sich auch später kaum mehr.

Eine richtig durchgeführte laufende Verjüngung des Bestandes ermöglicht beste Zuwachsleistung ohne Aufforstungskosten. Die Zerstörung einzelner Jungpflanzen bei der Holzernte spart später notwendige Entnahmen bei der Jungwuchspflege.

6.3 AUFFORSTUNG

Alte Blößen und schlecht bestockte Flächen mit mehr oder weniger starker Verunkrautung, Kahlschläge sowie Hutweiden und sonstige landwirtschaftliche Flächen, die bewaldet werden sollen, lassen sich im Allgemeinen nicht natürlich verjüngen; sie müssen „aufgeforstet", das heißt durch Pflanzung oder Saat künstlich verjüngt werden.

Die Waldbegründung auf landwirtschaftlichen Grundstücken und die Waldverjüngung bei ungünstigen Standortverhältnissen sind nur durch Aufforstung möglich.

Jeder Schlag soll sobald wie möglich wiederaufgeforstet werden. Die früher wegen der Rüsselkäfergefahr eingehaltene Schlagruhe erübrigt sich wegen der wesentlich wirksameren chemischen Schädlingsbekämpfung. Bleibt ein Schlag lange liegen, entwickelt sich Konkurrenzvegetation und die Aufforstung wird erschwert. Daher muss die Wiederaufforstung so rasch wie möglich erfolgen.

6.3.1 Vorbereitung

Auf frischen Schlagflächen werden Äste und Reisig (Schlagabraum) meist zusammengelegt, damit die Aufforstung leichter erfolgen kann. Die unterlassene Schlagräumung hat aber auch Vorteile: Die Nährstoffe werden durch verrottendes Astmaterial besser über die Fläche verteilt, Konkurrenzvegetation kann sich außerdem nicht so schnell entwicklen. Die Fläche ist in den ersten Jahren nicht sehr attraktiv für Wild.

Aufforstung

Saatbeet bei Topfpflanzen

Verschulungsbeet bei wurzelnackten Forstpflanzen

Auf stark verunkrauteten alten Schlägen muss der Aufforstung eine Säuberung vorausgehen. Dies gilt auch für die Bekämpfung von Wiederaustrieben abgeholzter Sträucher.

Der Einsatz von Herbiziden zur Beseitigung von Unkräutern und Sträuchern (z. B. Erle, Hasel) auf alten Schlagflächen vor der Aufforstung ist im Interesse des Umweltschutzes nicht mehr empfehlenswert und in Quellschutzgebieten verboten.

Von Sträuchern überwucherte Flächen müssen vor dem Aufforsten gesäubert werden. Auf sehr ungünstigen Standorten (Nässe, Frostlagen) muss vielfach zunächst ein **Vorwald** aus besonders anspruchslosen Baumarten wie Erle, Birke, Föhre, Eberesche aufgeforstet werden. In seinem Schutz kann dann später die Aufforstung der gewünschten Hauptbaumarten erfolgen.

6.3.2 Pflanzenmaterial

Die Baumartenwahl bei der Aufforstung richtet sich nach dem Betriebsziel und dem Standort.

Anzustreben ist eine Baumartenmischung von Nadel- und Laubbäumen, Tief- und Flachwurzlern sowie Licht- und Schattbäumen.

Gesetzt werden sollen nur kräftige und regelmäßig gewachsene Pflanzen. Diese können mit Spaten oder Kreuzhaue im eigenen Wald ausgegraben werden, wobei die feinen Faserwurzeln und Wurzelhaare dabei nicht zu sehr beschädigt werden dürfen, da die Pflanzen sonst nicht anwachsen (daher Pflanzen nie ausreißen).

Im Allgemeinen werden die Pflanzen von ihrem Erdballen vorsichtig befreit, mit feuchtem Moos oder Laub in Körbe oder Kunststoffsäcke gepackt und so zur Aufforstungsfläche gebracht. Das Setzen von Ballenpflanzen (z. B. von LIECO), die bei richtiger Pflanzung sehr leicht anwachsen, kommt neben der klassischen Wiederbewaldung von Waldflächen auch beim Nachbessern von Lücken in Jungkulturen oder auf Flächen, die sehr spät ausapern (z. B. in Hochlagen), in Frage.

Im Allgemeinen werden die erforderlichen Jungpflanzen nicht selbst ausgegraben, sondern in einem Forstgarten gekauft. Dort erfolgt die Heranzucht der Pflanzen aus Samen.

Zur besseren Wurzel- und Kronenbildung werden ein- oder zweijährige Sämlinge teilweise aus dem Saatbeet in sogenannte Verschulbeete umgesetzt (verschult).

Die zur Aufforstung benötigten Pflanzen werden in der Regel im Forstgarten (Forstbaumschule) gekauft.

Beim **Ankauf** von Forstpflanzen ist auf folgende Angaben zu achten:

1. **Angaben der Baumart**
2. **Angabe des Wuchsgebietes und der Seehöhe**
3. **Angabe des Alters** (Beispiel: Fichte 2/2 = 2 Jahre Sämling und 2 Jahre verschult = 4-jährige Pflanze)
4. **Angabe der Größensortierung** (40–60 cm): Laubbäume bis zu 1,50 m Länge nennt man Lohden, mit mehr als 1,50 m Länge Heister. Am widerstandsfähigsten gegen Unkraut, Witterungseinflüsse und Wildverbiss sind große, verschulte Pflanzen.
5. **Angabe der Erkennungszeichen** des Ausgangsbestandes

Aufgrund der Naturwaldtypen wurde Österreich in nachstehende neun Waldregionen (Wuchsgebiete) eingeteilt, die noch in Herkunftsgebiete gegliedert wurden.

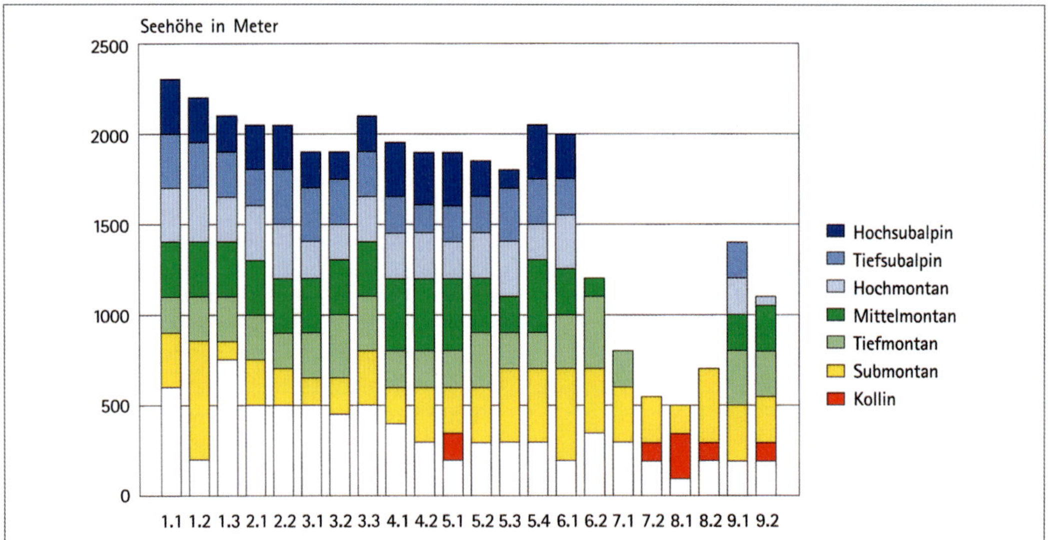

Höhenstufenverteilung in den Wuchsgebieten (Quelle: www.bfw.ac.at)

Gliederungsschema der Wuchsgebiete

1. Innenalpen
1.1 Innenalpen – kontinentale Kernzone
1.2 Subkontinentale Innenalpen – Westteil
1.3 Subkontinentale Innenalpen – Ostteil
2. Nördliche Zwischenalpen
2.1 Nördliche Zwischenalpen – Westteil
2.2 Nördliche Zwischenalpen – Ostteil
3. Östliche und Südliche Zwischenalpen
3.1 Östliche Zwischenalpen – Nordteil
3.2 Östliche Zwischenalpen – Südteil
3.3 Südliche Zwischenalpen
4. Nördliche Randalpen
4.1 Nördliche Randalpen – Westteil
4.2 Nördliche Randalpen – Ostteil
5. Östliche Randalpen
5.1 Niederösterreichischer Alpenostrand (Thermenalpen)
5.2 Bucklige Welt
5.3 Mittel- und Oststeirisches Bergland
5.4 Weststeirisches Bergland
6. Südliche Randalpen
6.1 Südliche Randalpen
6.2 Klagenfurter Becken
7. Nördliches Alpenvorland
7.1 Nördliches Alpenvorland – Westteil
7.2 Nördliches Alpenvorland – Ostteil
8. Sommerwarmer Osten
8.1 Pannonisches Tief- und Hügelland
8.2 Subillyrisches Hügel- und Terrassenland
9. Mühl- und Waldviertel
9.1 Mühlviertel
9.2 Waldviertel

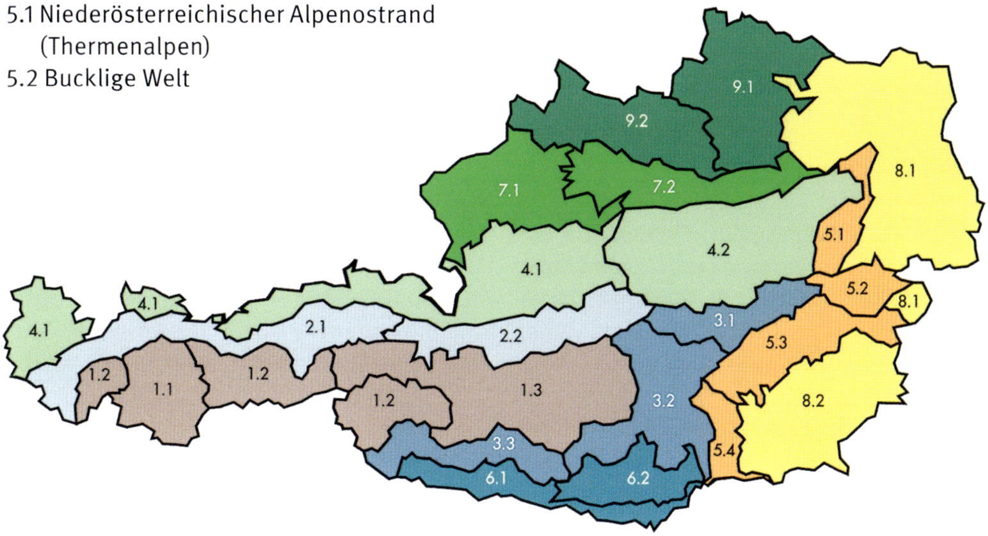

Die neun Waldregionen (Wuchsgebiete) mit den Herkunftsgebieten in Österreich

6.3.3 Pflanzverband und Pflanzenbedarf

Der Pflanzverband gibt an, in welchem Abstand die Forstpflanzen angesetzt werden. Entscheidend für die Wahl des Pflanzenverbandes ist das angestrebte Betriebsziel (z. B. Nadelmischwald oder Eichenwertholz). Enge Pflanzverbände bringen einen raschen Bestandsschluss, verursachen aber höhere Pflanzenkosten sowie mehr Aufwand bei der Kulturpflege und bei der später notwendigen Dickungspflege. Ein zu weiter Pflanzverband führt bei Laubbäumen und bei Kiefern zu Grobastigkeit und schlechter Stammqualität. Auch die Standortgüte beeinflusst den Pflanzverband. Auf schlechteren Standorten kann weiter, auf guten enger gesetzt werden.

Pflanzverbände

- Fichte: 2,5 x 2,5 bis 2,5 x 3 m
- Kiefer: 1 x 1 m
- Lärche, Douglasie: 3,5 x 3,5 m
- Laubbäume: 1 x 2 m (gesamte Fläche)
  8 x 8 m (in Zellen)

Horst- oder truppweise Aufforstung

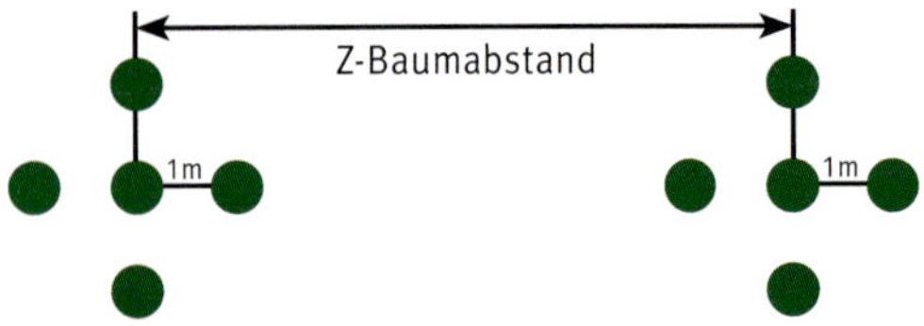

Schema einer Zellaufforstung

Teilflächenbepflanzung

Zellenaufforstung: 3 bis 5 Bäume einer wipfelschäftigen Laubholzbaumart werden in Kleingruppen (Zelle) im Abstand bis zu einem Meter gepflanzt. Die nächste Zelle wird im entsprechenden Z-Baumabstand, bei Laubbäumen meist 10 m, begründet.

Horstweise Aufforstung: 15–20 Bäume einer nicht wipfelschäftigen Baumart werden im Abstand von ca. einem Meter gruppenweise aufgeforstet. Der nächste Horst wird im Z-Baumabstand begründet.

Frischhaltesack mit verbissgeschützten Forstpflanzen

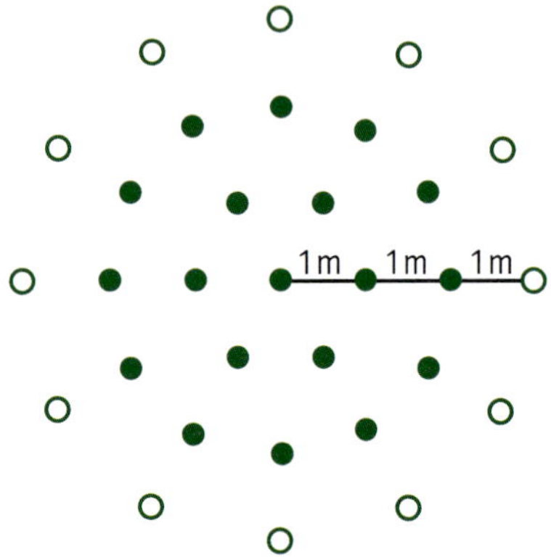

Bei der Begründung von Mischwäldern sollen die Mischbaumarten horst- oder gruppenweise eingebracht werden.

Der Pflanzverband ist ausschlaggebend für den Pflanzenbedarf:

$$\text{Ben. Pflanzenzahl} = \frac{\text{Aufforstungsfläche (m}^2\text{)}}{\text{Platzbedarf einer Pflanze (m}^2\text{)}}$$

6.3.4 Behandlung bei wurzelnackten Pflanzen

Obwohl Forstpflanzen sehr widerstandsfähig sind, werden sie durch das Ausheben und die Manipulation im Forstgarten sowie durch den Transport bis zur Aufforstungsfläche stark mitgenommen. Es ist daher wichtig, insbesonders ihre Wurzeln bis zum Einsetzen im Wald möglichst schonend zu behandeln.

Die Forstpflanzen, vor allem ihre Wurzeln, sind vor dem Austrocknen zu schützen.

Während des Transportes der Pflanzen können diese durch Abdeckung mit Moos, Plastiksäcken, Planen usw. vor dem Austrocknen infolge Sonnenbestrahlung und Wind geschützt werden. Der Transport selbst ist so rasch wie möglich, am besten in lichtundurchlässigen Frischhaltesäcken, durchzuführen.

Die Pflanzen sind rasch zu transportieren und dabei feucht zu halten.

Das richtige Einschlagen der Forstpflanzen

Wurzelschnitt mit Schere und Axt (oben und rechts)

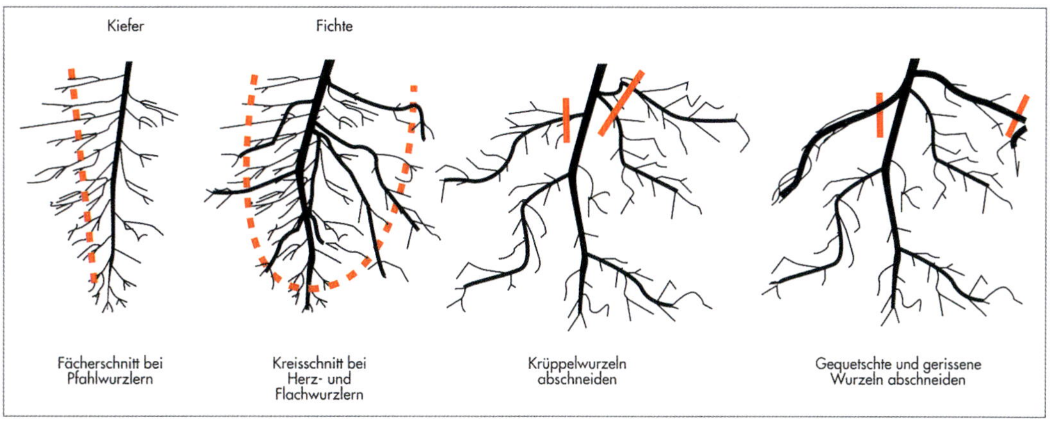

Das richtige Kürzen der Wurzeln

Die Pflanzen dürfen nicht im Wagen liegen gelassen werden, sondern sollen sofort ausgepackt und an einem kühlen, schattigen Platz, möglichst in der Nähe der Aufforstungsfläche, in Erde eingeschlagen werden. Dort verbleiben sie bis zum Aussetzen. Zum Einschlagen wird ein kleiner Graben ausgehoben, in dem die Pflanzen schräg und nicht zu dicht (keinesfalls büschelweise) nebeneinander aufgestellt und im Bereich der Wurzeln gut mit Erde bedeckt werden. Danach sind sie durch vorgesteckte Äste gegen Sonne und Wind zu schützen und nach Möglichkeit zu befeuchten (auch mit Schnee).

In der Zeit bis zum Aussetzen sind die Pflanzen in Erde einzuschlagen.

Das Anwachsen der ausgesetzten Pflanzen wird durch die Wurzelbehandlung beeinflusst. Misshandelte Wurzeln sterben und faulen, wobei die Fäulnis auf den Stamm übergreifen kann. Bei vertrockneten Wurzeln verdorren die Pflanzen. Beim Aufforsten sollen sie daher nicht in der Hand getragen werden, da sonst die feinen Haarwurzeln sofort vertrocknen.

Beim Aufforsten sind die Pflanzen im Pflanzenkisterl, Plastikeimer, in der Kulturschürze, Pflanztasche usw. zu tragen und an den Wurzeln feucht zu halten.

Überlange Wurzeln sind beim Setzen hinderlich und werden meist bei der Aufforstung deformiert. Es ist deshalb zweckmäßig, sie mit einem scharfen Messer oder einer Axt auf einer glatten Unterlage zu kürzen (Wurzelschnitt). Der Feinwurzelanteil ist in jedem Fall zu erhalten.

Um die Wurzeln vor dem Austrocknen zu schützen und ein leichteres Anwachsen zu erreichen, die Wurzel in einen nassen Erdbrei, keinesfalls nur in Wasser, tauchen (einschlämmen).

Diese Maßnahmen sind bei Ballenpflanzen nicht notwendig!

6.3.5 Frühjahrsaufforstung vs. Herbstaufforstung:

Vor- und Nachteile der Frühjahrsaufforstung:

+ Winterfeuchtigkeit wird ausgenützt.
+ Baum beginnt mit einem Wurzelwachstum.
+ wenig Konkurrenzvegetation
- Auffforstung erfolgt durch zu frühen Wärmebeginn oft zu spät und dadurch fallen viele Bäume aus
- Peronalkapazitäten
- Rüsselkäferproblematik

Vor- und Nachteile der Herbstaufforstung:

+ Baum schließt mit einem Wurzelwachstum ab
+ Die Winterfeuchtigkeit wird im Frühjahr ausgenützt
- Wildverbiss im Herbst und Winter

6.3.6 Aufforstungsgeräte

Viele der früher gebräuchlichen Aufforstungsgeräte werden aufgrund verbesserter Arbeitsmethoden beim Aufforsten nicht mehr benötigt. Die **wichtigsten Aufforstungsgeräte** sind:

- Kulturkrampen
- Wiedehopfhaue
- Kulturhaindl
- Rhodener Haue

6.3.7 Aufforstungsmethoden

Die wichtigsten Methoden beim Setzen der Pflanzen sind:

- **Winkelpflanzung**
  Bei dieser Handarbeitsmethode wird das Lochmachen und Setzen der Pflanzen von einer Person in einem Arbeitsgang durchgeführt. Leider führt dieses Aufforstungskonzept häufig bei

Aufforstungsgeräte (Kulturkrampen, Kulturhaindl, Wiedehopfhaue, Rhodener Haue)

unsachgemäßer Anwendung zu Wurzeldeformationen und ist daher abzulehen.

- **Lochflachpflanzung oder Lochpflanzung**
Während eine Person die erforderlichen Pflanzlöcher in Abhängigkeit von der Wurzelgröße macht, werden die Forstpflanzen selbst von einer zweiten Person gesetzt. Der Vorteil liegt in der Durchmischung des Erdmaterials, welches einen guten Anwuchserfolg besonders auf schlechten Böden garantiert.

> Die Lochflachpflanzung wird von zwei Personen durchgeführt.

Die Pflanze wird mit den ausgebreiteten Wurzeln auf den gewachsenen Boden gesetzt und mit Feinerde schichtweise überdeckt. Jede Schicht wird mit dem flachen Haindl (Reisinger Haindl) festgedrückt.

> Die erforderlichen Geräte sind Pflanzenbehälter, Kreuzhaue oder Kulturkrampen und Kulturhaindl.

- **Ballenpflanzung**
Diese Methode wird in der Praxis sehr häufig eingesetzt. Besondere Bedeutung hat dieses Aufforstungskonzept bei schlechten Bodenverhältnissen (z. B. Hochlagenaufforstung). Ballenpflanzen werden in Forstgärten und Folientunneln gezogen und mit einem eigens für die Auspflanzung erzeugten Pflanzrohr sowie entsprechenden Rückentragen ausgepflanzt. Mit Ballen- oder Containerpflanzen kann auf geeigneten Standorten während der ganzen Vegetationszeit aufgeforstet werden, was bei später Schneeschmelze in Hochlagen besonders vorteilhaft ist. Entscheidend für den Pflanzerfolg ist das Abziehen der Nadel- oder Laubstreu.
Vorteile: Rasches und einfaches Aufforsten ist möglich, zeitliche Unabhängigkeit in der Vegetationsperiode, einfacher Transport und einfache Zwischenlagerung.
Nachteile: Felsige Standorte können mit dem Pflanzrohr nicht aufgeforstet werden, tonig-lehmige Standorte sollen nicht mit dem Pflanzrohr aufgeforstet werden.

Vorbereitung der Lochpflanzung mit der Kreuzhaue

Ballenpflanzung

- **Hügelpflanzung**
Diese Methode eignet sich für die Aufforstung von vernässten Standorten. Zunächst werden mit einem Tiefenpflug zwei tiefe Furchen gezogen und die Schollen gegeneinander gestürzt (Bifang). In die so entstehenden Hügel werden die Pflanzen mit einer der angeführten Methoden gesetzt. In den Gräben zwischen den Hügeln kann sich das Wasser sammeln bzw. bei Gefälle auch abfließen.

Containerpflanzen

Rhodener-Verfahren

Achtung: Die Pflege der Vorflutgräben bis zur Kultursicherung und ein geregelter Wasserabfluss sind Voraussetzung für den Erfolg. Bitte beachten Sie vor der Aufforstung naturschutzrelevante Aspekte, wie z. B. geschützte Moorstandorte, Orchideen sowie seltene Tier- und Pflanzenarten.

- **Rhodener Pflanzverfahren**
  Dieses in Deutschland weiterentwickelte Konzept benötigt eine eigens angefertigte Haue und eine besondere Schlagtechnik. Dieses Verfahren ist ein kombiniertes Verfahren zwischen Spaltpflanzung und Lochpflanzung und hat durch die besondere Technik ergonomische Vorteile. Dieses Verfahren lockert den Boden bis ca. 25 cm Tiefe auf. Es können nur Kleinpflanzen versetzt werden. Besonders günstig auf schwierigen steinigen oder vernässten Standorten. Eine Wurzeldeformation wird mit diesem Pflanzverfahren weitgehend vermieden.

6.3.8 Saat

Die Verjüngung durch Saat setzt meist eine entsprechende Keimbeetvorbereitung voraus (händische oder maschinelle Bodenverwundung). Saaten gelingen am besten auf Schattseiten, an schattigen Bestandsrändern, in lichten Beständen und Bestandslücken, nicht auf heißen, trockenen Standorten.

Die Samen mancher Baumarten (z. B. Esche, Ahorn, Linde, Hainbuche, Zirbe) überliegen gerne, das heißt, sie gehen erst im zweiten Frühling auf. Dies lässt sich verhindern, wenn der Samen über den Winter im Sand im Keller belassen wird.

Bei allen Saaten können Vogel- und Mäusefraß den Erfolg gefährden. Saat ist ausschließlich bei großfrüchtigen Bäumen wie Rotbuche, Eichenarten und Nuss relevant.

6.4 KULTURHILFEN

Um das Aufkommen einer Kultur (Bestand im Alter von ein bis zehn Jahren) zu erleichtern, sind folgende einfache Kulturhilfen möglich:

6.4.1 Nachschau und Nachbesserung

Die Kulturnachschau im Frühjahr und Herbst in den ersten Jahren nach der Aufforstung gibt die Möglichkeit, umgefallene, durch Steine, Rinde oder Prügel überdeckte, vom Wild ausgetretene Pflanzen aufzurichten bzw. zu befreien und abgestorbene Pflanzen im Rahmen der Nachbesserung zu ersetzen. Für die Nachbesserung werden gerne rascher wachsende Lichtbäume, wie Lärche und Föhre, verwendet.

Dabei ist wieder zu beachten, dass die Einzelmischung von Baumarten bei der Aufforstung diesen wenig Chancen gibt, in den späteren Altholzbestand einzuwachsen, weil sie zu stark dem Konkurrenzdruck unterliegen.

Die Mischung erwünschter Baumarten soll daher immer horst- oder gruppenweise erfolgen.

Die Fläche einer beigemischten Baumgruppe soll mindestens den Z-Baumabstand (Zukunftsbaumabstand) betragen.

6.4.2 Pflegemaßnahmen

Dazu gehört das Freischneiden oder Austreten der Pflanzen von unerwünschten Beikräutern und das Entfernen unerwünschter Sträucher. Die Bekämpfung mit chemischen Mitteln (Herbizide) durch Spritzen oder Bestreichen ist aus Umweltschutzgründen nicht empfehlenswert und in Quellschutzgebieten verboten.

6.4.3 Kulturdüngung

Die Düngung kann entweder durch Gründüngung oder durch Mineraldüngung erfolgen.

Eine Kulturdüngung kann besonders bei schlechten Böden ein Anwachsen bei einmaligem Ausbringen erleichtern, darf aber nicht regelmäßig verabreicht werden. Ein Gewöhnungseffekt kann eintreten.

Auf sehr sauren Böden ist eine Startdüngung (Kalk) möglich. Bei der Düngung mit Mineraldüngern werden am besten 20 bis 30 g Volldünger (1 Kaffeelöffel voll) oder eine Düngertablette (etwa drei Jahre wirksam) beigegeben.
Falsche Anwendung kann auch zu Wuchsdepression oder Ausfall führen!

6.4.4 Vorwald

Auf schlechten Standorten ermöglicht vielfach nur ein Vorwald (Hilfswald) das Hochbringen der gewünschten Kultur. Die Vorwaldbaumarten werden im Verband von 2 bis 3 m gesetzt.

Ist die Kultur gut herangewachsen, wird der Vorwald ausgelichtet. Nicht verwertbare Bäume köpft man in Brusthöhe und lässt sie liegen, oder man bestreicht ihre Stämme in Brusthöhe mit einer Herbizidlösung, wodurch sie allmählich absterben. Schöne, nutzholztüchtige Stämme lässt man am besten mit dem Bestand mitwachsen.

Als Vorwald eignen sich z. B. folgende Bäume:

Standort	Vorwaldbaumart
Sonnig, trocken	Birke
Schattig, viel Rohhumus	Eberesche
Hanglage mit Graswuchs	Zitterpappel
Lehmige Böden	Salweide
Trockene, steinige Böden	Mehlbeere
Böden mit Staunässe	Schwarzerle
Böden mit ziehender Nässe	Grauerle

6.4.5 Kulturschutz

Die Kultur ist in erster Linie gegen den Großen Braunen Kulturrüsselkäfer, gegen Wild und gegen Weidevieh, aber auch gegen Verunkrautung zu schützen. Siehe dazu Kapitel 12.

FRAGEN ZUM KAPITEL

1. Welche Aufforstungsmethoden kennen Sie, wann würden Sie welches Aufforstungskonzept wählen?
2. Nennen Sie die Vor- und Nachteile einer künstlichen/natürlichen Verjüngung des Waldes!
3. Wie müssen wurzelnackte Pflanzen vom Einkauf bis zur Auspflanzung behandelt werden?
4. Was ist ein Überhälter, welche Baumarten eignen sich dafür?
5. Welche Pflanzverbände wählen Sie bei Fichte/Lärche/Weißkiefer/Bergahorn/Eiche und warum?
6. Welche Angaben (Erkennungszeichen beim Kauf) müssen Sie dem Forstgartenbesitzer beim Kauf von Forstpflanzen mindestens mitteilen?

7. ERZIEHUNG DES WALDES

Durch eine richtige Erziehung und Pflege des Waldes, beginnend in den Jungwaldstadien, lässt sich seine Leistungsfähigkeit erhöhen und steigt seine Widerstandskraft gegen Umweltbelastungen (Waldsterben) und Forstschädlinge. Von wesentlichem Einfluss ist auch die Art der Endnutzung des Bestandes.

7.1 JUNGWUCHSPFLEGE

Die Pflege des Jungwuchses (bis 2 m Höhe) erfordert viel Arbeit, ist aber eine wichtige Voraussetzung für den späteren Waldertrag.

Allgemein werden mit der Jungwuchspflege vier wesentliche Ziele verfolgt:

- Schutz vor Schäden
- Standraumregulierung
- Mischwuchsregulierung
- Nachbesserung

7.1.1 Schutz vor Schäden

Die Schadeinflüsse auf den Jungwuchs als erstes Entwicklungsstadium können mannigfach sein. Wildeinfluss (Verbiss- und Fegeschäden), Schadinsekten (Großer Brauner Rüsselkäfer, Kupferstecher), aber auch Begleitvegetation können Kulturen oder natürlich verjüngte Jungwaldbereiche beeinträchtigen. Der mechanischen Entfernung des Begleitwuchses ist gegenüber der chemischen Begleitwuchsbekämpfung der Vorrang zu geben. Üblicherweise wird mit Motorsense oder Sichel eine „Auskesselung" vorgenommen, wobei im Umkreis von 30 bis 50 cm um das zu schützende Bäumchen der Bewuchs zurückgeschnitten wird.

7.1.2 Standraumregulierung und Stammzahlreduktion

Wesentlich für ein stabiles Aufwachsen ist vor allem beim Nadelholz ein ausreichender Standraum in der Jugendphase. Dementsprechend ist die richtige Ausgangsbaumzahl im Jugendalter entscheidend. Nur wenn die Bäume genug Standraum bekommen, können Durchmesser- und Kronenwachstum gleichermaßen erfolgreich stattfinden. Nicht zuletzt müssen dichte Naturverjüngungen aufgelockert werden, da sie sonst als schlanke, gertenartige Dickichte leicht dem Schneedruck zum Opfer fallen. Bei dieser Standraumregelung sind auch kranke Bäume und Protzen sowie, bei entsprechender Überschirmung, krummwüchsige und zwieselige Bäume zu entfernen. Üblicherweise wird bei der Standraumregulierung eine selektive Baumentnahme vorgenommen.

Folgende (Mindest-)**Abstände** können als zielführend angesehen werden:

- Kiefer: 1 m
- Fichte, Tanne: 2,5 bis 3 m
- Lärche, Douglasie: 3 bis 3,5 m

Speziell in Monokulturen besteht die Möglichkeit einer schematischen Baumentnahme, wo jede zweite oder dritte Baumreihe entfernt wird.

7.1.3 Mischwuchsregulierung

Gerade in der Jungwuchsphase kann auf die Vergesellschaftung der Baumarten Einfluss genommen werden. Baumarten zeigen unterschiedliche Höhenentwicklung in der Jugend, abhängig von Baumart, Lichtangebot, Nährstoffangebot und Wuchsraum. Konkurrenzschwache Baumarten brauchen Hilfe und sollten in Gruppen (nur eine Baumart innerhalb der Gruppe) gehalten werden. Man nennt dies **„gruppenweise Mischung"**. Innerhalb der Gruppe wachsen die Bäume gleich auf und beeinflussen sich gegenseitig positiv. Bei der „Einzel-" oder „Buntmischung" befinden sich Bäume untereinander ständig in Konkurrenzsituation. Deshalb wird diese Art der Mischung hauptsächlich dann angewendet, wenn mit der Mischung ökologische Effekte (Bodenverbesserung durch Laubstreu, Ausbildung eines tiefreichenden Wurzelwerkes) angestrebt werden.

7.1.4 Nachbesserung

Sollten in der Kultur einzelne Individuen abgestorben sein oder die natürliche Verjüngung nicht flächendeckend angewachsen sein, muss

Stammzahlreduktion bis spätestens 5 m Höhe durchführen!

Frühzeitige Stammzahlreduktion führt dazu, dass die Krone im Licht und der Stammfuß im Schatten ist.

über Nachbesserungsarbeiten, also das zusätzliche Kultivieren junger Bäume, ein flächendeckender Bewuchs herbeigeführt werden.

7.2 DICKUNGSPFLEGE

Unter Dickungspflege versteht man Eingriffe bei einer Baumhöhe von 2 bis 5 (7) m. In dieser Phase wird eigentlich nur dann eingegriffen, wenn eine Standraumregulierung in der Jungwuchsphase nicht erfolgt ist. Bis zu einer Höhe von 5 m können überdichte Jungbestände, speziell von Fichte, noch relativ unbedenklich stammzahlreduziert werden.

Es ist wichtiger, den rechtzeitigen Zeitpunkt der Dickungspflege einzuhalten als jenen der Erstdurchforstung.

Bei der Stammzahlreduktion soll an die Gewinnung von Christbäumen gedacht werden.

7.3 DURCHFORSTUNG

Im Jungwuchs des Nadelmischwaldes stehen 2.500 und mehr Bäume je Hektar, während im Altholz (Bestand über 80 Jahre) nur noch 250 bis 350 Bäume stehen. Überlassen wir die Auslese der Natur, dann erfolgt sie oft negativ; das heißt, protzige und grobastige Bäume (z. B. Kiefer) und die in der Jugend raschwüchsigeren Baumarten (z. B. Salweide, Birke, Zitterpappel) setzen sich durch, wirtschaftlich wertvolle Bäu-

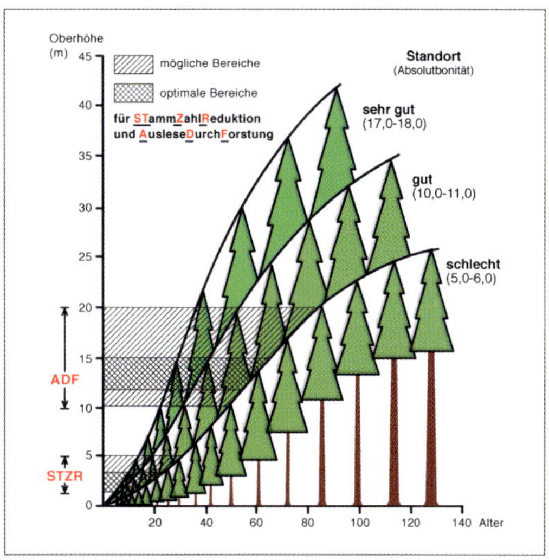

Mögliche und optimale Pflegezeitpunkte bei der Pflege von Fichtenwäldern. Quelle: BFW me verkümmern oder der Schnee zerstört dichte, kronenarme Stangenhölzer.

Die Durchforstung ist die unmittelbare Erziehungsarbeit für die **Heranzucht eines vitalen, leistungsfähigen, gesunden und standortgemäßen Mischwaldes.** Der Bestand wird dabei auf die erwünschte Zahl an Zukunftsbäumen (Z-Bäumen) gelenkt, die den Endbestand bilden sollen.

7.3.1 Zweck

Durch eine richtig durchgeführte Durchforstung erreicht man:

- **Stabile Bestände**
  Durch die Durchforstung steigt die Standfestigkeit der Bäume und damit die Sicherheit der Bestände.
- **Gesunde Wälder**
  Durch die Durchforstung erhalten die Bestände mehr Licht und der Boden mehr Niederschlag. Durch die bessere Kronen- und Wurzelentwicklung werden die Bäume widerstandsfähiger. Vorhandene Laubbaumzwischenbestände werden erhalten. Die Lebensgemeinschaft Wald wird gesünder und ein bestandesbedrohender Schädlingsbefall weniger wahrscheinlich.
- **Verkürzter Produktionszeitraum**
  Unsere Waldbäume brauchen Jahrzehnte bis zur Erreichung der Erntereife. Durch die Durchforstung wird die Entwicklung der förderungswürdigen Z-Stämme beschleunigt und die Erntereife der Bestände früher erreicht. Dadurch kann der Waldbewirtschafter das Betriebsrisiko durch frühere Ernte deutlich verringern.
- **Mehr Wertzuwachs**
  Durch Entnahme der weniger wertvollen Bäume bzw. Baumarten (grobastige, vorwüchsige Lichtbaumarten, wie Föhre, Lärche, Eiche) und der kranken Bäume und Protzen wird der Zuwachs auf die wertvollen Bäume gelenkt und diese in ihrer Entwicklung durch die Entnahme von Konkurrenten gefördert. Das führt zu einer stärkeren Kronenbildung und zu einer Vergrößerung der Wurzel. Kronen- und Wurzelwachstum stehen in enger Beziehung zueinander. Stellt sich der Zuwachs auf guten, qualitativ hochwertigen Baumindividuen ein, so steigt damit der Wert des Gesamtbestandes.
- **Stärkere Durchmesser in kürzerer Zeit**
  Werden die Z-Bäume von Bedrängern befreit, so wird ihr Durchmesserzuwachs gefördert, wodurch sie früher den gewünschten Zieldurchmesser erreichen. Mehr Wuchsraum für die Z-Bäume bedeutet mehr Kronenvolumen, welches wiederum rascheren Zuwachs bringt.

H/D-Wert

Ein Maßstab für die Standfestigkeit ist der sogenannte H/D-Wert.

$$\text{H/D-Wert} = \frac{\text{Baumhöhe (cm)}}{\text{Brusthöhendurchmesser (cm)}}$$

Durch stärkeren Durchmesserzuwachs verlagert sich der Schwerpunkt der Bäume nach unten.

Ein H/D-Wert von 75 bis 80 garantiert bei der Fichte ausreichende Stabilität bei befriedigender Qualität.

Bei einem günstigen H/D-Wert (80 und darunter) erreichen die Bäume ihre Zieldimension mit höherer Wahrscheinlichkeit.

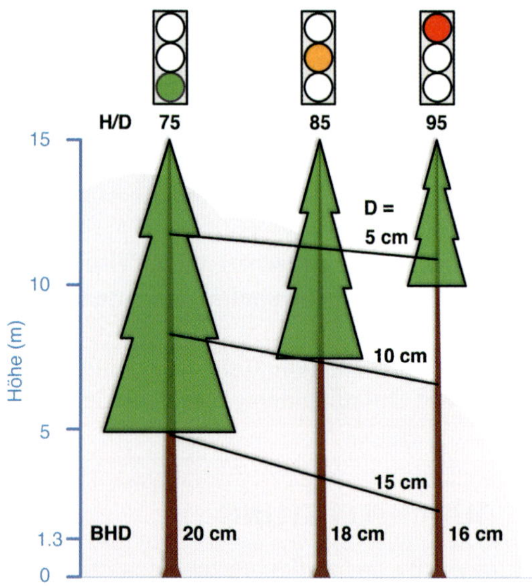

Hoher H/D-Wert

- **Mehr Holz für Verkauf und Eigenverbrauch**
  Im Gegensatz zum natürlichen Ausscheiden von Bäumen (Totholz) bei der Entwicklung vom Jungbestand zum Erntebestand werden bei der Durchforstung mehr Bäume einer Verwertung zugeführt. Die Durchforstung ist daher nicht nur eine Pflegemaßnahme, sondern bringt auch einen Ertrag (Vor- und Zwischennutzung), also eine zusätzliche Wertschöpfung.

7.3.2 Methoden

Auch ein gleichaltriger Waldbestand hat kein einheitliches Kronendach. Dieses ist vielmehr in ein Hauptkronendach aus den Stammklassen der herrschenden und mitherrschenden Bäume gegliedert, über welche einzelne vorherrschende Bäume hinausragen. Unter den Hauptkronen bleibt die Klasse der beherrschten und unterdrückten Stämme zurück.

Bei der **Hochdurchforstung** werden aus dem Hauptkronendach herrschende und mitherrschende Bäume (Bedränger der Z-Stämme) entfernt, um den Konkurrenzkampf der Waldbäume um das Licht zu verringern und wertvolle Mischbaumarten zu fördern sowie die Entwicklung der Z-Stämme zu beschleunigen.

Erste Auslesedurchforstung

Bei der Auslesedurchforstung soll zur Erhaltung und Entwicklung eines gesunden Kronendaches ein ausreichender Standraum für die einzelnen leistungsfähigen Bestandesmitglieder geschaffen werden. Neben den Bedrängern sind unbrauchbare Bäume (protzige, grobastige, kranke, krumme, zwieselige Bäume) zu entfernen. Der Eingriff bei der ersten Auslesedurchforstung ist daher in der Regel stark.

Die erste Auslesedurchforstung soll erfolgen, wenn die Nadelbäume eine Bestandeshöhe von 10 bis 15 m erreicht haben.

Bevor die Auszeige beginnt, sind Rückegassen, Seilgassen oder Seillinien festzulegen und zu markieren. Danach sind die Z-Bäume (Zukunftsbäume) auszuwählen, mit Farbmarkierband oder Farbe zu markieren und ihre Bedränger zur Schlägerung auszuzeigen.

Vor der Erstdurchforstung

Nach der Erstdurchforstung

Bei der Auswahl der Z-Bäume sind nachstehende Richtwerte zu beachten:

Baumart	Standard-raumanspruch in m²	Durchschnittlicher Abstand der Z-Bäume in m	Angestrebte Anzahl der Bäume im Endbestand je ha
Fichte, Tanne	40	6–8	250–350
Lärche, Kiefer, Douglasie	60	8–10	100–150
Buche	100–150	8–12	60–150
Eiche	150–200	10–15	60–100

In Mischbeständen sind die durchschnittlichen Abstände zu kombinieren (z. B. Buche neben Fichte 6 bis 7 m Abstand). Die Z-Bäume müssen nicht gleichmäßig verteilt sein. Enger beieinander stehenden Z-Bäumen (auch Baumgruppen) muss aber ein entsprechender Raum gegeben werden, das heißt, benachbarte Z-Bäume müssen dann einen größeren Abstand halten.

Als Z-Bäume auszuwählen sind in Mischbeständen die wertvollen Baumarten, ansonsten die lebenskräftigen und am Ort standfesten Bäume und von diesen wiederum die qualitativ besseren.

Standfeste Z-Bäume sollen kräftig, weniger standfeste Z-Bäume müssen vorsichtig freigestellt werden.

Die Bedränger sind meist herrschende oder mitherrschende Bäume, kommen aus einer ähnlichen sozialen Schichte wie die Z-Bäume und haben deshalb einen größeren Durchmesser, was ihre Schlägerung wirtschaftlicher macht. Ob auch Bäume entnommen werden, welche die Z-Bäume nicht bedrängen, ist eine wirtschaftliche Frage. Unterständiges Material wird man nur bei guten Holzpreisen „mitnehmen“. Jedenfalls muss garantiert sein, dass bei Folgeeingriffen durch das Stehenlassen von „Unterständern“ die Arbeitssicherheit nicht beeinträchtigt wird.

Ein Laubbaumzwischenbestand ist zu schonen bzw. bei geringem Laubbaumanteil zu fördern. Höhere Artenvielfalt macht Waldbestände krisensicherer.

Lichtbaumbestände (Lärche, Föhre, Eiche) sollten im Stangenholzalter stärker durchforstet werden, da sie sonst die Krone verlieren und als peitschende Stangen dem Schnee und Sturm zum Opfer fallen und dann verlangsamten Zuwachs zeigen.

Wie bei der Auswahl der Z-Bäume und dem Auszeigen der Bedränger vorzugehen ist, zeigen nebenstehende Darstellungen: Aus waldbaulichen Gründen sind jene Bäume zu entnehmen, welche die Kronenentwicklung der Z-Bäume behindern.

Seltene, aber gewünschte Mischbaumarten sind rechtzeitig zu fördern und freizustellen. Dies gilt besonders für Lichtbaumarten.

Fichtenstangenhölzer auf ehemaligen landwirtschaftlichen Nutzflächen sollten frühzeitig und stark durchforstet werden, da Bestände aus Erstaufforstungen erfahrungsgemäß frühzeitig von der Rotfäule befallen werden.

Sie sollen frühzeitig geerntet und nicht wesentlich älter als 60 Jahre alt werden. Einer starken Durchforstung ist daher in derartigen Beständen der Vorzug zu geben.

Unterwuchs von Sträuchern soll bei der Durchforstungsarbeit besonders am Bestandesrand im Interesse des Bodenschutzes und der Bodenverbesserung geschont werden, weil durch sie die Durchwindung des Bestandes vermindert wird.

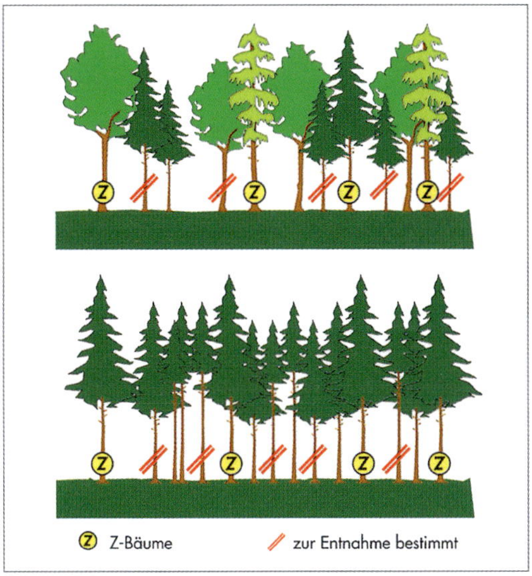

Beispiele für die Auswahl der Z-Bäume bzw. Auszeigen von Bedrängern

Weitere Auslesedurchforstungen

Die nächste Auslesedurchforstung sollte erfolgen, wenn der Kronenraum der Z-Bäume neuerlich eingeengt wird und sich die Kronenäste zu berühren beginnen.

Dies ist im Allgemeinen nach einem Höhenzuwachs von 3 bis 5 m der Fall. Der Grundsatz lautet dabei: „Dem Tüchtigen freie Bahn!"

Wann und wie oft eine Durchforstung zu wiederholen ist, zeigen uns folgende drei Merkmale (Weiser) im betreffenden Bestand:

- **Länge und Form der Baumkronen**
  Sie dürfen nicht zu klein und einseitig werden; ihr Verhältnis zur Baumhöhe soll etwa 1 : 2 bis 2 : 3 sein. Nur die grüne Baumkrone kann Holzzuwachs leisten.
- **Kronenschluss**
  Ist der Kronenschluss wieder erreicht, dann ist es Zeit, neuerlich zu durchforsten, um den Bäumen innerhalb des Bestandes Platz zu machen und ein kontinuierliches Jahrringwachstum zu gewährleisten. Das erhöht die Holzqualität deutlich.
- **Bodenpflanzen**
  Ein zu dichter Bestand verliert aufgrund von Lichtmangel seinen Pflanzenbewuchs am Boden (Ausnahme Lichtbaumbestände). Ein zarter Flaum von Bodenpflanzen (Sauerklee, Waldmeister, Schattenblümchen usw.) zeigt, dass der Waldboden noch tätig ist. Er soll aus der Ferne grün, in der Nähe aber braun aussehen. Die früher gültige Regel „Mäßig, aber öfter durchforsten" lässt sich heute aus arbeitswirtschaftlichen Gründen kaum mehr einhalten.

In einem wüchsigen Bestand sollte wenigstens zwei- bis dreimal in Abständen von etwa zehn Jahren durchforstet werden.

Ungepflegtes, schwaches Stangenholz mit spindeligen, überschlanken Bäumen und schlecht entwickelten Kronen

Gleichaltriger, aber gepflegter Bestand mit starken, wuchskräftigen Bäumen und gut entwickelten Baumkronen

Verspätete Durchforstung

Wurde der richtige Zeitpunkt der Stammzahlreduktion versäumt, so kann die ideale Bestandspflege nicht mehr nachgeholt werden. Die Bäume haben schlechte H/D-Werte und kurze Kronen.

Sollten Z-Bäume ausgewählt werden, so gehen Vitalität und Stabilität eindeutig vor Qualität, um die Stabilität des Gesamtbestandes nicht zu gefährden. Es werden unerwünschte Baumarten sowie protzige, peitschende, kränkelnde, schlecht bekronte, unterdrückte oder dürre Bäume entnommen oder teilweise auch nur zu Boden gebracht.

Der Eingriff sollte schwach, aber dafür in kürzeren zeitlichen Abständen erfolgen (alle drei bis fünf Jahre; Höhenzuwachs 2–4 m).

In Mischbeständen, vor allem aber in Laubbaumbeständen, sollten schematische Entnahmen unterbleiben. Vorsicht auch in labilen Beständen über 10 m Höhe.

Wichtig: Abklärung der Rahmenbedingungen
Vor Beginn der Durchforstung müssen zwei grundlegende Fragen geklärt sein:

1. **Wie kann die entnommene Holzmenge optimal vermarktet werden?** Dazu ist es notwendig, Marktinformationen einzuholen und einen Kaufvertrag vor der Schlägerung abzuschließen.
2. **Wie kann das Holz aus dem Bestand gebracht werden?** Eine professionelle Holzernte braucht eine optimierte Feinerschließung der Bestände. Das bedeutet, dass Rückegassen, Seilgassen oder Zuzuggassen schon vor der Auszeige festgelegt werden müssen. Bei der Durchführung eines vollmechanisierten Holzernteverfahrens kann die Festlegung der Fahrgassen von Harvester und Forwarder mit den Maschinisten erfolgen.

Laubholzdurchforstung

Die ökologischen Vorteile des Laubholzes sind:

- Besserer Humuszustand
- Größere Sturmfestigkeit
- Vermeidung von Borkenkäfervermehrung

Neben diesen Vorteilen steht die Wertholzproduktion im Vordergrund. Der Wert von Laubholzbeständen wird maßgeblich durch die waldbauliche Behandlung beeinflusst.

Um eine Holzentwertung durch Kernbildung z. B. bei Buche und Esche und Verfärbungen z. B. bei Ahorn zu vermeiden, sind kürzere Umtriebszeiten notwendig. Im Dickungsalter sollen keine Bäume entnommen werden, weil in diesem Stadium die natürliche Astreinigung gefördert wird.

Die Durchforstung beginnt, wenn eine astfreie Stammlänge von ca. 1/4 bis 1/3 der Endhöhe erreicht ist. Bei schlechten Standorten sind dies 5–6 m, bei guten Standorten 8–10 m astfreie Stammlänge.

Q/D-Verfahren: Waldbautechnik für Laubwertholz

Bei der Erziehung von Laubwertholz läuft die Pflege in zwei Phasen ab:

- **Phase 1: Qualifizierungsphase (Q)**
  Die Qualifizierungsphase zielt auf das natürliche Abfallen der Äste von Laubbäumen ab. Durch Dichtstand und den damit verbundenen Lichtmangel im Stammbereich dunkeln die Äste im unteren Stammbereich aus und sterben ab. Das bezeichnet man als natürliche Astreinigung. Sind die Erdstammbereiche der Laubbäume astrein, erhöht sich der Wert drastisch.
- **Phase 2: Dimensionierungsphase (D)**
  Die Äste des unteren Stammbereiches sind im optimalen Fall abgestorben und abgefallen, die astfreie Schaftlänge beträgt rund 1/4 der zu erwartenden Gesamthöhe des Baumes. Damit ist es Zeit, dass Dickenwachstum zu fördern. Kronendurchmesser und Entwicklung des Brusthöhendurchmessers (BHD) stehen in einer engen Beziehung zueinander. Eingriffsstärken und Durchforstungsintervalle haben die störungsfreie Weiterentwicklung der Krone des Z-Baumes zu gewährleisten. Wie viele Z-Bäume pro Hektar ausgewählt werden, hängt vom angestrebten Zieldurchmesser und von der Baumart ab. Der Abstand zwischen den Z-Bäumen entspricht dem Durchmesser der Kronen der Bäume im erntereifen Zustand.

Häufige Fehler:

- Z-Bäume von geringer Vitalität – zu kleine Kronen

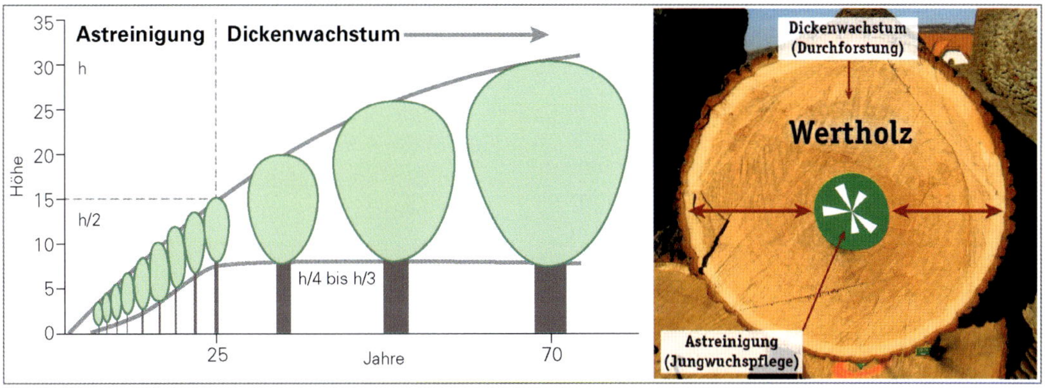

(Quelle: BMLFUW, Waldbericht 2015)

Laubholzdurchforstung

Baumart	Anzahl der Z-Bäume	Abstand der Z-Bäume in m	Umtriebszeit in Jahren	Standraum in m² im Altbestand
Rotbuche	60–100	10–13	80–120	mind. 100
Eiche	60–100	10–13	80–150	mind. 100
Bergahorn	60–100	10–13	70–90	mind. 100
Esche	60–100	10–13	70–90	mind. 100
Erle	150–200	7–8	50–70	40
Kirsche, Nuss	60–100	10–13	60–80	mind. 100
Pappel	100–200	8–11	25–35	40

Anzahl der Z-Bäume pro Baumart (aus: Wertastung. Der Weg zum Qualitätsholz)

- Zu später Beginn – Kronen können sich kaum mehr vergrößern
- Zu viele Z-Bäume – Absterben von starken Ästen aus dem Kronenbereich durch gegenseitiges Bedrängen

Steht man vor der Entscheidung, ob jüngere Bestände oder Bestände, in denen eine Auslesedurchforstung versäumt worden ist, zu durchforsten sind, so soll man sich auf die wirtschaftlich bedeutsamere Auslesedurchforstung der jüngeren Bestände konzentrieren.

7.3.3 Durchführung

Auszeige

Die wichtigste Vorbereitung für eine waldpflegliche Durchforstung ist die sorgfältige Auszeige. Dabei werden die Zukunftsbäume und die zur Schlägerung bestimmten Bäume Stamm für Stamm gekennzeichnet. Voraussetzung für diese Arbeit sind Fachwissen, Erfahrung und Einfühlungsvermögen.

Laubholzdurchforstung

Die Auszeige kann auf mehrere Arten erfolgen. Als sehr praxistauglich haben sich Zellstoffbänder erwiesen (gelb für Z-Bäume, rot für Entnahmestämme). Sie haben den Vorteil, dass sie rund um den Stamm herumgehen und damit aus jeder Position gesehen werden können. Darüber hinaus können einmal getroffene Entscheidungen korrigiert werden.

Sehr verbreitet ist die Auszeige von Beständen mit Farbspray. Mit Spray vorgenommene Markierungen sind endgültig und können nur schwer wieder entfernt werden. Sie eignen sich aber besonders gut zur Kennzeichnung von Rücke- und Fahrgassen im Bestand, da sie einige Jahre am Baum sichtbar bleiben.

Neben den waldbaulichen Überlegungen sind bei der Auszeige der zu entnehmenden Bäume auch arbeitswirtschaftliche Gesichtspunkte zu beachten.

So sind etwa 3 bis 4 m breite Rückegassen im Abstand von etwa 20 m auszuzeigen, soweit dies nicht schon bei der Jungwuchspflege erfolgt ist.

Vor der Festlegung der Rückegassen sind die Arbeitsfläche, Abfuhrrichtung und die Lager- und Manipulationsplätze zu bestimmen sowie die Feinerschließung durch mehrmaliges Begehen der Arbeitsfläche zu optimieren.

Formschnitt

7.4 FORMSCHNITT UND WERTASTUNG BEI ZUKUNFTSBÄUMEN

Eine Maßnahme zur Erzielung von besonders wertvollem Qualitätsholz sind der Formschnitt und die Wertastung im Dickungs- und Stangenholzalter. Besonders Totasterhalter sind zu asten!

7.4.1 Formschnitt

Ziel des Formschnittes ist die Erreichung eines geradschäftigen, stabilen und wertvollen Stammes durch die Entfernung qualitätsmindernder Äste:

1. Starkäste
2. Steiläste
3. Gleichwertige Triebe (Zwiesel und Mehrfachverzweigungen)

Der Formschnitt sollte möglichst früh erfolgen und wird in der Regel mit einer zweischneidigen Baumschere durchgeführt. Damit ist die Basis für eine gute Wertentwicklung im weiteren Aufwachsen der Bäume gewährleistet.

7.4.2 Wertastung

Die Wertastung ist eine wertsteigernde Pflegemaßnahme. Prinzipiell kann man zwischen zwei Arten der Wertastung unterscheiden:

1. **Grünastung:** Es werden noch lebende (grüne) Äste entfernt. Es ergibt sich normalerweise eine gute Wundverheilung, wenn die Äste nicht zu stark sind.
2. **Trockenastung:** Bereits abgestorbene Äste, welche nicht von selbst abfallen, werden mit einer Astungssäge entfernt.

Die Astungshöhe soll mindestens eine Blochlänge betragen und kann bis zu etwa 1/4 beziehungsweise 1/3 der erreichbaren Endbaumhöhe gehen. Weiter hinauf zu asten erschwert die Arbeit, vermindert die Schnittqualität und reduziert die leistungsfähige grüne Krone.

Astungszeitpunkt

Die günstigsten Zeitpunkte für die Durchführung der Astung bei Laubholz sind die Zeit vor dem starken Saftanstieg im Frühjahr (vor dem Austrieb) und die Zeit des bereits schwächeren

Ungeastet

Geastet

Wachstums im Sommer (Juli/August). Nadelholz sollte während der Saftruhe im Winter geastet werden.

Astungstechnik

Das Entfernen der Äste muss hart an der Rinde erfolgen. Es dürfen keine Aststummel stehenbleiben, da diese später beim Einschnitt der Stämme Durchfalläste produzieren würden.

Für den Wundverschluss und den Überwallungsvorgang sind folgende Kriterien wichtig:

- Möglichst geringe Wundgröße (zeitgerechtes Asten)
- Glatter und splitterfreier Schnitt
- Schnitt im rechten Winkel zur Astachse (minimiert die Schnittfläche)

Um das Einreißen der Rinde beim Abschneiden starker Äste zu vermeiden, wird zuerst die Astunterseite angeschnitten und der Schnitt von der Oberseite abgeschlossen.

Geräte für die Astung

Für die Astung stehen Spezialgeräte zur Verfügung. Welche Geräte zum Einsatz kommen, hängt von der Astungshöhe ab.

Astungshöhe bis 2,5 m

- Handsägen: Mit zweireihigen Zähnen und innenliegendem Schrank, gewährleisten glatten und splitterfreien Schnitt.
- Astungsscheren: Scheren mit zweischneidigen Schneideeinrichtungen, damit keine Rindenquetschung erfolgt.
- Elektrische Astungsscheren: Reduzieren den Kraftaufwand, jedoch hohe Anschaffungskosten.

Astungshöhe 2,5 bis 6 m

- Gestängesägen: Sägen mit Teleskopgestänge. Die Schneideeinrichtung ist ähnlich den Handsägen mit zweireihigen Zähnen ausgestattet.

Werkzeug für die Astung von Wertholz

Richtige Wertastung

- Gestängescheren: Scheren mit Seilzug oder Spannleinen
- Leitersysteme mit Handsäge: Variable oder fixe Längen der Leitersysteme. Verwendete Leitern müssen den Sicherheitsstandards entsprechen.

Astungshöhe über 6 m

Derart große Astungshöhen sind hinsichtlich der Wirtschaftlichkeit kritisch zu hinterfragen und sollten nur durchgeführt werden:

- bei bester Wuchsform, Qualität und Wertproduktion,
- ausschließlich bei Z-Bäumen,
- auf guten Standorten,
- bei ausreichender Produktionsdauer,
- bei einfachen Bringungsverhältnissen.

Arbeitssicherheit

Beim Asten sind Helm, Handschuhe und Augenschutz zu verwenden. Für die Durchführung der Arbeiten in größeren Höhen dürfen nur geeignete Leitersysteme (rutschfeste Auftritte, Absturzsicherung, Befestigungsmöglichkeit) zur Anwendung kommen.

Wertastung im Nadelholz

Dokumentation der Astung

Astungsmaßnahmen sind als Nachweis für den späteren Käufer der Sortimente zu dokumentieren. Am besten eignet sich für diese Dokumentation der Waldwirtschaftsplan.

FRAGEN ZUM KAPITEL

1. Welche Zielsetzungen verfolgt die Jungwuchspflege?
2. Welche Zwecke verfolgt die Durchforstung?
3. Was ist der H/D-Wert und was drückt er aus?
4. Was ist eine Hochdurchforstung?
5. Bei welcher Baumhöhe sollte die erste Auslesedurchforstung stattfinden?
6. Welche zwei Rahmenbedingungen müssen vor der Durchführung der Durchforstung geklärt werden?
7. Was ist das Q/D-Verfahren?
8. Welche Äste sollen beim Formschnitt entfernt werden?
9. Welche Arten der Wertastung unterscheidet man?

8. WALDARBEIT UND UNFALLVERHÜTUNG

Trotz Maschineneinsatz ist die Waldarbeit nach wie vor eine schwere und gefährliche Tätigkeit. Die Ansprüche an einen guten Waldarbeiter sind hoch und erfordern eine **gute Ausbildung**. Voraussetzung für eine entsprechende Leistung ist neben der **körperlichen Fitness** eine **entsprechende Ausrüstung**, die auch im Zusammenhang mit der **Unfallverhütung** von Bedeutung ist. Wird Arbeit vergeben, sind Kenntnisse über die Entlohnung der Forstarbeiter wichtig.

8.1 ARBEITSGESTALTUNG

Den Wechselbeziehungen zwischen dem Menschen und seinen Arbeitsbedingungen (Ergonomie) ist besondere Beachtung zu schenken, da sie seine Leistungsfähigkeit und Gesundheit wesentlich beeinflussen. Zu einer Beeinträchtigung des menschlichen Organismus führen vor allem zu hohe Gewichtsbelastung (schwere Arbeitsgeräte, Heben schwerer Lasten usw.), zu viel statische Muskelbelastung (langes Halten) und gebückte Arbeit sowie unnatürliche und verdrehte Körperhaltung (Arbeiten im ungünstigen Gelände usw.). Darüber hinaus führen auch Motormaschinen zu Belastungen (Lärm, Abgase, Vibrationen usw.).

Bei der Arbeitsgestaltung sollen die folgenden Punkte beachtet werden.

8.1.1 Körperhaltung

Falsche Körperhaltung, vor allem bei der Hebearbeit, belastet besonders die Wirbelsäule und kann zu deren Schädigung führen (z. B. Bandscheibenschaden).

Der Rücken soll bei der Arbeit möglichst gestreckt bleiben. Schwere Lasten sind mit geradem Rücken und gebeugten Knien zu heben.

8.1.2 Arbeitsabwechslung

Zu lange Haltearbeit führt zu einer verminderten Durchblutung der Muskeln und damit zu deren rascher Ermüdung.

Statische Arbeiten sollten durch Bewegungsarbeiten unterbrochen oder ersetzt werden, da hierdurch ein Wechsel von Spannung und Entspannung der Muskeln und eine Verbesserung ihrer Durchblutung erfolgt.

8.1.3 Arbeitspausen

Arbeitsüberlastung und Übermüdung führen oft zu Unaufmerksamkeiten und damit zu erhöhter Unfallgefahr. Der Tagesablauf sollte daher gut eingeteilt und durch entsprechende Erholungspausen unterbrochen werden.

Neben einer ausreichenden Mittagspause von ca. einer Stunde und einer Jausenpause von ca. 15 Minuten haben vor allem die Kurzpausen hohen Erholungswert.

Mehrere kurze Pausen sind besser als wenige lange Arbeitsunterbrechungen.

Beispiele für die richtige Körperhaltung bei der Holzernte

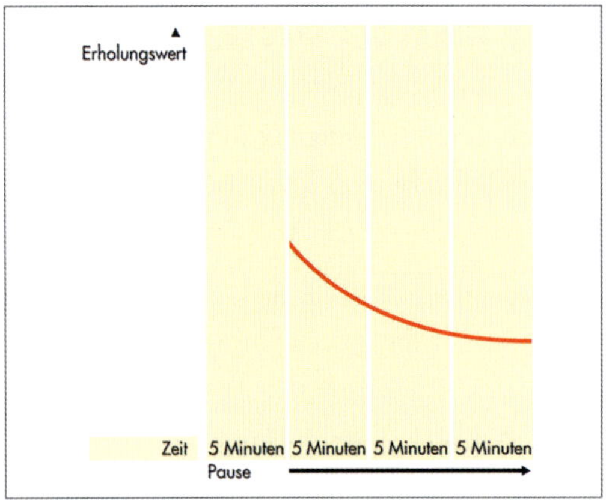

Erholungswert einiger Pausenteile

8.1.4 Arbeit mit Maschinen

Beim Arbeiten mit Maschinen sollen folgende Punkte berücksichtigt werden:

- Bei langem Arbeiten mit Motorsäge bzw. Freischneider kann deren Lärm die Hörorgane dauerhaft schädigen. Die Gehörschutzschalen am Schutzhelm müssen daher verwendet werden.
- Der Gesichtsschutz am Helm bei der Motorsägearbeit bzw. eine schlagfeste Schutzbrille bei der Freischneidearbeit muss getragen werden.
- Die Abgase von Motoren schädigen vor allem durch ihren Gehalt an Kohlenmonoxid und Kohlenwasserstoffen den menschlichen Organismus. Richtige Treibstoffwahl (vor allem benzolfreie Kraftstoffe) und Vergasereinstellung sowie Motorsägen mit Katalysator verringern schädliche Abgase.
- Ganzkörper- oder Armvibrationen von Maschinen, die sich auf den Menschen übertragen, sind auf die Dauer sehr belastend.
- Antivibrationsgriff und richtiges Kettenschärfen vermindern die Vibration der Motorsäge.
- Beim Traktor schützt ein Gesundheitssitz die Wirbelsäule vor Erschütterungen.

8.2 WERKZEUGE

Die Forstwerkzeuge wurden in den letzten Jahrzehnten grundlegend verändert und laufend verbessert. Heute hat die Motorsäge den Wald erobert und ist zum wichtigsten Arbeitsgerät bei der Schlägerung geworden. Auch auf dem Bauernhof ist sie vielseitig verwendbar und kaum wegzudenken.

Um eine gute Arbeitsleistung erzielen zu können, ist in der Regel folgende Werkzeugausrüstung erforderlich:

- 1 Motorsäge komplett mit Instandsetzungswerkzeug
- 1 Kanister für Treibstoff und Kettenöl
- 1 Axt, nicht zu schwer (ca. 1,4 kg)
- 1 Sappel, ca. 1,2 kg (evtl. ein Wendehaken oder Fällheber)
- genügend Keile
- 1 Rollmaßband, selbstaufrollend, 15 m

8.2.1 Motorsäge

Der Kauf einer Motorsäge sollte gut überlegt werden! Wesentlich sind ein guter, schnell erreichbarer Kundendienst und nicht zu teure Ersatzteile.

Bei großen Waldbeständen sind eine schwere Motorsäge für die Arbeit im Starkholz und eine leichte Säge für die Durchforstung vorteilhaft.

Die fachgerechte **Funktionskontrolle** einer Motorsäge beeinflusst ihre weitere Leistungsfähigkeit.

Daher sollte Folgendes beachtet werden:

- Zuerst Betriebsanleitung genau lesen
- Schwert und Kette montieren
- Treibstoffgemisch und Kettenöl laut Anleitung einfüllen

Werkzeugausrüstung für Schwachholz

- Schrauben und Verschlüsse auf festen Sitz prüfen
- Zündung einschalten, Halbgas einstellen, eventuell Choke ziehen und starten
- Kurz einige Male Gas geben und auf Kettenschmierung achten
- Motorsäge abstellen, Kettenspannung und Schmierung prüfen
- Kette, Schrauben und Verschlüsse kontrollieren, dann wieder starten und allmählich belasten

Besonders wichtig für die Funktion und Haltbarkeit der Motorsäge sind jedoch die laufende **Wartung** und **Pflege**.

Tägliche Wartung (alle 10 Betriebsstunden)
- Luftfilter reinigen, ausblasen (von innen nach außen)
- Schwert und Kette reinigen
- Schwert wenden
- Kette schärfen
- Treibstoff und Öl auftanken. Umlenkrolle bei Bedarf mit Heißlagerfett abschmieren

Für die **Schmierung** der Sägekette wird biologisches Kettenöl verwendet. Stets prüfen, ob die Sägekette wirklich geölt wird. Das Fett für die Umlenkrolle an der Schiene muss der Betriebsanleitung entsprechen.

Störungen an der Motorsäge treten vor allem bei der Kupplung, am Vergaser und bei der Zündanlage auf. Läuft die Sägekette trotz richtiger Standgaseinstellung weiter, ist der **Kupplungsbelag beschädigt** oder gebrochen. Rutscht die Kupplung, ist ein **Simmering undicht**; es läuft Öl in die Kupplungstrommel.

Schäden am Vergaser treten vor allem durch **Schlappwerden der Feder unter dem Regulierungshebel** und **starke Abnutzung des Nadelsitzes** auf. Setzt die Zündung aus und wird der Motor heiß, ist die Einstellung des Vergasers zu mager. Sind Auspuffgase blau bis schwarz, die Kerze verölt, Zylinder verrußt und die Drehzahl zu gering, ist die Einstellung zu fett.

Da der Membranvergaser in seiner Funktion vom Luftdruck abhängig ist, muss er bei wechselnder Seehöhe neu eingestellt werden. Für eine gute Leistung ist eine entsprechend gute Feineinstellung erforderlich. Die richtige Vergasereinstellung entnimmt man der Betriebsanleitung der jeweiligen Motorsäge bzw. wird bereits automatisch eingestellt (z. B. bei elektronischen Vergasern). Bei modernen Motorsägen ist eine Vergasereinstellung nur in einer Fachwerkstätte möglich.

Störungen der Zündung treten auf, wenn
- die Zündkerzen nicht den richtigen Wärmewert haben, der Elektrodenabstand (0,5 mm)

Sicherheitseinrichtungen der Motorsäge

1 Antivibrationsgriffe
2 Hinterer Handschutz
3 Gashebelsperre
4 Kurzschlussschalter
5 Vorderer Handschutz (Auslösung der Kettenbremse)
6 Krallenanschlag
7 Kettenfang
8 Kettenschutz für Transport
9 Rückschlagmindernde Kette

falsch oder die Kerze verschmutzt oder beschädigt ist,
- in den Kurzschlussknopf Wasser eindringt (Massenschluss),
- das Zündkabel abgescheuert ist oder schlecht in der Zündspule steckt,
- der Unterbrecherhammer oder Amboss verschmort oder abgebrochen ist (diese müssen gleichzeitig ausgewechselt werden),
- die Zündspule und der Kondensator durchgebrannt sind oder der Magnet verölt ist.

Geht das **Startseil der Startanlage** nicht ganz zurück, ist die **Startfeder** nachzuspannen (bei abgelaufener Feder mehrmals umziehen). Geht das Startseil überhaupt nicht zurück, ist entweder die Feder am Ende gebrochen (Ende blau erwärmen und einbiegen; besser neue Feder verwenden) oder die **Angriffsklaue** oder die **Schleifringe** sind **verkehrt eingebaut**.

Motorsägenketten sollten oft, aber sparsam angeschärft werden. Die richtige Schärfetechnik ist für die Lebensdauer der Motorsäge sehr wichtig und für die Arbeitsleistung ausschlaggebend.

Nach der Art der Arbeitsausführung unterscheidet man zwischen einer **„gründlichen Instandsetzung“** und einem **„Nachschärfen“** der Ketten.

Die **gründliche Instandsetzung** der Motorsägenkette (entfällt bei modernen Ketten) soll periodisch etwa jede Woche erfolgen:
- Kette von Motorsäge abnehmen
- Kette sorgfältig reinigen; Öl, Harz, Schmutz werden mit heißem Wasser und Waschpulver entfernt
- Nieten- und Gliederschäden suchen und gegebenenfalls reparieren
- Kette mit passender Feile schärfen
- Kette und Schiene montieren

Für das **Schärfen der Motorsägenkette** ist es wesentlich, dass die Schneidezähne konisch abfallen und daher bei neuen Ketten größere Feilendurchmesser und am Ende auch kleinere Feilendurchmesser verwendet werden können (z. B. bei Feilen mit einem Durchmesser von 5,2 mm ist eine Reduktion auf 4,8 mm möglich bzw. von 4,8 mm auf 4,5 mm).

Richtiger Feilendurchmesser

3/8 Zoll:	5,5 mm, letztes Drittel der Zahnlänge auf 4,8 mm möglich
.325 Zoll:	4,8 mm, letztes Drittel der Zahnlänge auf 4,5 mm möglich

Allgemein werden mit einer Kette auch drei bis vier Feilen verbraucht. Für das Tiefersetzen der Tiefenbegrenzer benötigt man Flachfeilen.

Beim **Schärfvorgang** selbst ist Folgendes zu beachten:
- Alle Schneidezähne müssen gleich lang sein; der kürzeste Zahn ist maßgebend.
- Der Brustwinkel und der Schärfwinkel sowie die Feilenführung müssen sich nach der Zahnform richten (z. B. Eck- und Meißelzahn, Halbrund- oder Halbmeißelzahn).

Das **Nachschärfen der Sägekette** erfolgt zumeist am Arbeitsplatz. Mit wenigen Feilenstrichen wird jeder Zahn nachgeschärft, wobei die Schärfgrundsätze so gut wie möglich eingehalten werden. Je nach Geschick verwendet man verschiedene Feilhilfgeräte (z. B. Feilbock).

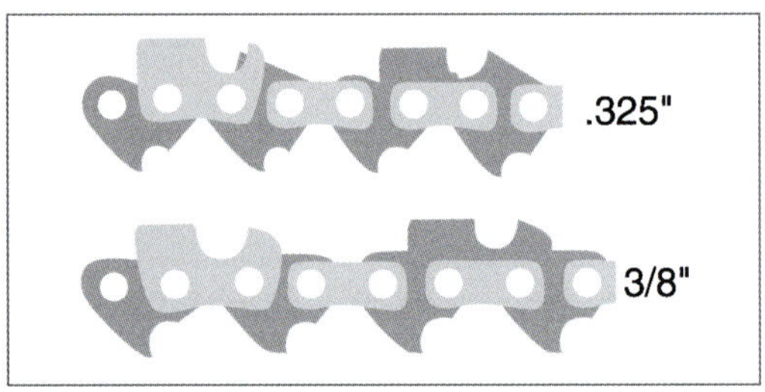

Häufigste Kettenteilungen (in Zoll)

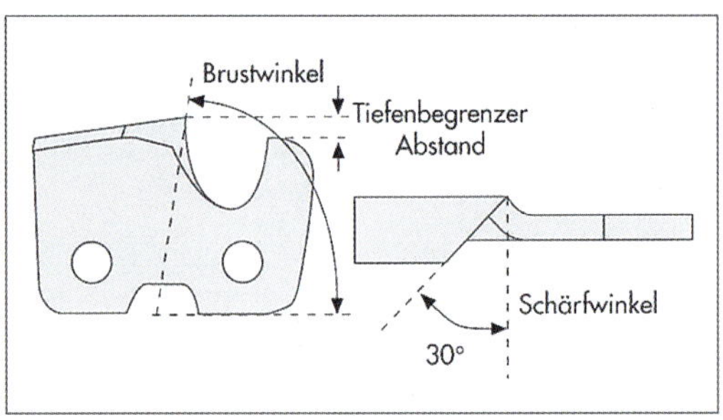

Die Tiefenbegrenzer müssen untereinander gleich hoch und je nach Holzart 0,5 mm bis 1,0 mm tiefer als die Schneidekante sein

Störungstabelle

Die Ursache für die Störungen bei der Motorsäge gehen aus unterstehender Tabelle hervor.

Mögliche Ursachen	Motor läuft nicht an	Motor schlägt beim Starten zurück	Motor beschleunigt nicht beim Gasgeben	Motor stottert, läuft unregelmäßig	Motor läuft nur bei Vollgas	Motor wird zu heiß	Motor stellt auf hohen Touren ab	Auspuffrauch schwarz, Motor ohne Kraft	Fehlzündungen, Motor ohne Kraft	Zündkerze zündet nicht	Abnormal hoher Benzinverbrauch	Vergaser bekommt kein Benzin	Benzin geht nur bis zum Vergaser	Ölpumpe fördert kein Öl	Kette bekommt zu wenig Öl	Öltank vor Benzintank leer	Öl tritt zwischen Motor und Schiene aus	Kette läuft im Leerlauf mit	Kette bleibt stehen/Kupplung rutscht
Tank leer	•						•					•		•					
Kontaktschalter ausgeschaltet	•									•									
Ansaugschlauch oder Leitung defekt	•			•							•	•		•	•	•			
Filter am Ansaugschnorchel verstopft	•			•								•		•	•				
Leitung verstopft	•			•								•		•	•				
Bezinsieb im Vergaser verstopft	•			•									•						
Vergaser falsch eingestellt	•		•	•	•	•		•			•		•						
Leerlaufdüsen verstopft					•														
Pumpenmembrane defekt	•			•															
Vergaser defekt	•		•	•	•			•			•		•						
Luftfilter verschmutzt			•					•			•								
Luftzutritt zum Tank verstopft	•						•					•							
Zu wenig Öl im Benzingemisch						•													
Zu viel Öl im Bezingemisch			•					•											
Zündkerze abgenutzt oder schmutzig	•			•	•				•	•									
Falscher Polabstand an der Zündkerze				•	•				•										
Zündkabel oder Kerzenschuh defekt	•			•					•	•									
Frühzündung		•																	
Fehler an Zündspule oder Unterbrecher	•		•	•	•	•			•	•									
Kühlluftwege nicht frei						•													
Motor verrußt						•													
Ölloch am Schwert verstopft														•	•				
Schutzbleche am Schwert falsch montiert														•					
Falsche Luft in der Ölpumpe														•	•				
Ölpumpe falsch eingestellt															•	•			
Schwertauflageflächen verschmutzt																	•		
Kupplung ölig																			•
Kupplung beschädigt																		•	
Kupplungsbacken abgenutzt																			•
Nadellager der Kupplungsglocke defekt																		•	

8.2.2 Akkusägen

Der optimale Einsatzbereich von Akkusägen reicht bei der Waldarbeit von der Jungwuchspflege bis hin zur Erstdurchforstung.

Die Vorteile dieser Sägen sind neben dem geringen Gewicht vor allem das einfache Starten und die vibrationsarme bzw. -freie Verwendung. Die Lärmbelastung ist im Verhältnis zu herkömmlichen Motorsägen um vieles geringer. Da aber bei längerer Anwendung trotzdem Gehörschäden hervorgerufen werden können, ist das Tragen von Gehörschutz ratsam bzw. verpflichtend.

Als Nachteile von Akkusägen sind die im Vergleich zu Benzin-Motorsägen geringere Leistung und die kürzere Einsatzdauer des Akkus – vor allem bei kalten Temperaturen – zu nennen.

8.2.3 Sonstige wichtige Werkzeuge

Hacken (Äxte)

Seit Verwendung der Motorsäge sind im Allgemeinen nur mehr folgende Äxte gebräuchlich:

- **Universalaxt**
  Schneidenbreite etwa 15 cm (z. B. Iltis- oder Biberaxt), Gewicht 1,20 bis 1,40 kg

Universalaxt

Spaltaxt

- **Spaltaxt**
  Schneidenbreite 8 bis 10 cm, Gewicht 2,5 kg; zum Spalten von Holz

Die Hacke darf nicht keilförmig, sondern muss ballig angeschliffen werden, sonst bricht sie aus.

Der Stiel sollte nicht länger sein als der Arm einschließlich Hand mit ausgestreckten Fingern. Er sollte für die Keilarbeit gerade und zum Entasten leicht geschwungen sein und am Ende einen Knopf haben, damit er nicht aus der Hand rutscht (Kuhfußstiel).

Die Spaltaxt (Mösel), die man zum Spalten von Holz braucht, sollte ein großes Haus und eine besonders starke Schlagplatte (6 bis 7 cm) zum Treiben von Keilen haben.

Sappel

Der Sappel wird vor allem zum Liefern des Holzes, zum Herabdrehen und Ausziehen hängen gebliebener Bäume verwendet. Die Greifspitze seines Eisenteils muss so geformt sein, dass sie leicht im Holz haften bleibt, ohne allzu tief einzudringen.

Wendehaken

Sappel

Fällheber

Keile

Hydraulische Fällhilfe

Am besten ist dazu der **Kernspitz** geeignet. Dieser entsteht dadurch, dass die Spitze zu zwei kleinen Stahllamellen ausgeschmiedet wird.

Für das **Holzliefern** verwendet man meist **Krainer-Sappel**, bei denen die Stange des Eisenteils in einem Winkel von etwa 120 Grad zum Stiel steht.

Wendehaken

Dieser besteht aus einem eisernen Haken und einem Ring, durch den man den Sappelstiel oder einen stärkeren Prügel stecken kann. Mit ihm kann man nicht nur liegende **Stämme und Bloche drehen**, sondern auch **aufgehängte Stämme** aus der Nachbarkrone **herausdrehen**.

Fällheber

Dieser besteht aus einer keilförmigen Platte und einer Griffstange und ist mit und ohne Wendehaken erhältlich. Er dient zum **Offenhalten des Fällschnittes**, zum **Werfen schwacher Stämme und Abdrehen von hängen gebliebenen Bäumen.**

Hydraulischer Fällkeil

Stammpresse

Gürtel mit für Holzarbeiten benötigtem Werkzeug

Keile

Für das **Fällen** werden **Weichmetall-** oder **Kunststoffkeile** verwendet. Zum Spalten dienen Scheitkeile, die aus einer Eisenschneid mit einem eingesetzten Holzdübel bestehen.

Messgeräte für die Ausformung

Als Messgeräte für die Ausformung werden heute vielfach schmale und handliche 15-m-**Stahlmaßbänder** verwendet, die der Sägeführer am Arbeitsgürtel trägt. Sie sind mit starker Rückholfeder und einem Einsetzhaken versehen, so dass mit der Entastungsarbeit gleichzeitig auch das Ablängen erfolgen kann.

Hydraulische Fällhilfe („Hebmandl“)

Wird für das Fällen von Rückhängern verwendet. Empfohlen wird eine Mindesthubkraft von 25–30 t.

Hydraulische Keile und Ratschenkeil

Diese stellen eine Alternative zur schweren Keilarbeit in der Starkholzernte dar. Sie ermöglichen ein erschütterungsfreies Keilen und mindern dadurch die Gefahr durch herabfallendes Totholz. Im Handel sind bereits mit Funkfernsteuerung betriebene Keile erhältlich, welche den Keilvorgang erschütterungsfrei und in sicherer Entfernung ermöglichen.

Stammpresse

Wird für das sichere Fällen von Laubholz verwendet. Es wird das Aufreißen des Stammes während des Fällvorganges und bei Windwurfarbeiten verhindert.

8.3 ARBEITSKLEIDUNG UND SCHUTZAUSRÜSTUNG

Zweckmäßige Arbeitskleidung und Ausrüstung fördern die Leistung und vermindern die Unfallgefahr. Der Waldarbeiter sollte daher wie folgt ausgestattet sein:

- **Schutzhelm** mit Gehör- und Gesichtsschutz sowie guter Belüftung. Achtung: Die Helmschale ist laut Herstellerangaben zu erneuern; wenn nicht bekannt, dann nach vier Jahren ab Herstellungsdatum.
- **Schnittschutzhose Klasse 1 oder 2** mit Seitentaschen, die Schnittschutzeinlage am linken Bein muss verbreitert sein.
- **Handschuhe**
- **Oberbekleidung in Signalfarbe**
- **Waldarbeitsschuhe** oder Waldarbeitsstiefel mit Profilsohle, Schnittschutzeinlage und Zehenschutzkappe
- **Regenschutz**, bewegungsfreundlich und atmungsaktiv
- **Arbeitsgürtel** für Maßband, Keile und Feilen

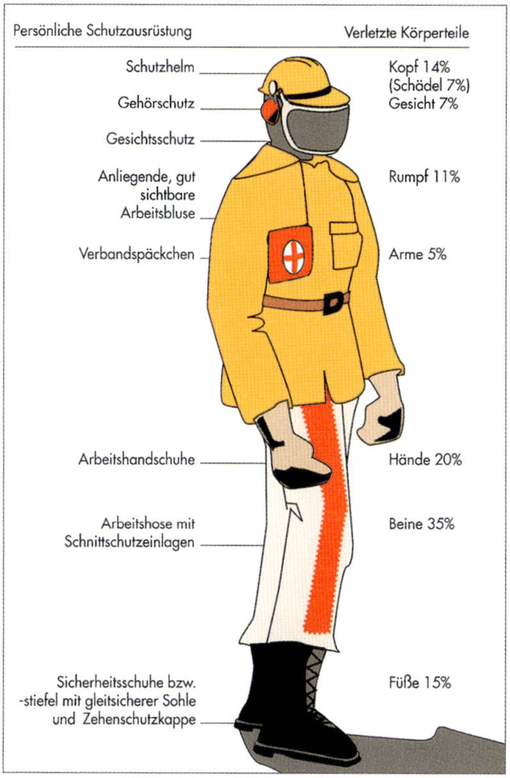

- **Fußeisen** für Arbeiten auf gefrorenem Hang
- **Erste-Hilfe-Päckchen** für lebensrettende Sofortmaßnahmen/Druckverband und Wiederbelebungsmaske

Bei Arbeiten im Wald sind die gesetzlich vorgeschriebenen Warntafeln „Befristetes forstliches Sperrgebiet“ (siehe Kapitel 14.3) mit den Zusatztafeln „Gefahr durch Waldarbeit“ und der Zeitangabe „von XX bis XX“ erforderlich. Bei Arbeiten in Katastrophenhölzern werden besonders **Seilzüge** (Greifzug), **Seile** und **Umlenkrollen** benötigt.

8.4 UNFALLSCHUTZ

Die Waldarbeit zählt nach wie vor zu den gefährlichsten Arbeiten. Viele Unfälle sind auf Schlamperei, Planlosigkeit, Sparen am falschen Platz, Alkoholgenuss u. dgl. zurückzuführen.

Sowohl Arbeitgeber als auch Arbeitnehmer sind gesetzlich zur Einhaltung von Unfallverhütungsvorschriften verpflichtet.

Für die Beschäftigung Jugendlicher gelten eigene Vorschriften: Bei einem Schadensfall wird geprüft, wer die Aufsicht geführt hat und ob Fremdverschulden vorliegt. Die straf- und zivilrechtlichen Folgen sind oft sehr weitreichend. Grundsätzlich soll die Waldarbeit nur von körperlich und geistig geeigneten Arbeitskräften ausgeführt werden.

Besonders gefährdet bei der Waldarbeit ist die linke Körperseite, wobei die linke Hand und das linke Bein am meisten betroffen sind. Eine besondere Gefahrenquelle ist dabei die Motorsäge.

8.4.1 Allgemeine Sicherheitsregeln für die Waldarbeit

- Am Arbeitsplatz sind nur die tatsächlich Beschäftigten zu dulden.
- Bei der Arbeit muss jemand die Aufsicht führen.
- Bei gefährlichen Arbeiten (Fällen, Rücken) muss eine zweite Person zumindest in Rufweite sein (Erste Hilfe!). Bei der Fällung muss immer der Fluchtweg vorab bestimmt und gesäubert werden.
- Nur geeignete Werkzeuge, Kleidung, Ausrüstung und Maschinen verwenden.
- Vom Anfang an das richtige Arbeitsverfahren anwenden.
- Sicherheitsabstände (z. B. 1,5-mal die Baumlänge plus der gesamte hindernisfreie talseitige Bereich beim Fällen, Schwenkbereich der Motorsäge 2 m im Umkreis) konsequent einhalten.

Moderner Forsthelm mit Gehör- und Gesichtsschutz

- Bei der Arbeit auf sicheren Stand achten.
- Maschinen vor Kontrollen abstellen.
- Beim Arbeiten in der Nähe von öffentlichen Verkehrswegen muss ein Bescheid über die Sicherungsmaßnahmen während der Waldarbeit von der zuständigen Behörde (Gemeinde, BH) ausgestellt und strikt eingehalten werden.
- Kein offenes Feuer in der Nähe von Benzin, Öl und Fett dulden.

Motorsäge beim Starten am Boden fixieren

Motorsäge beim Starten zwischen den Oberschenkeln fixiert.

Geschlossener Griff

Bequeme Körperhaltung

8.4.2 Sicherheitsregeln für die Motorsägenarbeit

Bei Arbeiten mit der Motorsäge ist Folgendes zu beachten:

- Beim Starten ist die Motorsäge zwischen den Beinen einzuklemmen oder auf dem Boden abzustellen und festzuhalten. Ein Luftstart, bei dem die Motorsäge nur am Griff gehalten wird, ist verboten.
- Im Gefahrenbereich von 2 m rund um den Motorsägenführer darf sich niemand aufhalten.
- Beim Schneiden sind die Beine seitlich und der Länge nach versetzt zu platzieren, damit der Körper durch Stoß oder Zug nicht aus dem Gleichgewicht kommt. Die linke Fußspitze darf sich nicht vor dem vorderen Handgriff der Motorsäge befinden.
- Die Motorsäge ist möglichst am Stamm oder am Körper abzustützen. Dabei haben die Hände den vorderen und den hinteren Handgriff mit geschlossenem Griff zu umfassen.
- Beim Anstechen ist darauf zu achten, dass nicht mit der oberen Schwertspitze geschnitten wird (Rückschlaggefahr). Den Schnitt mit dem unteren Drittel der Schwertspitze beginnen.
- Um gerade Schnitte zu erreichen, muss nicht nur die Kette richtig geschärft sein, sondern es muss beim Schnitt auch das Gewicht des Motors durch Anheben ausgeglichen werden.

Beim Fällen im Schwach- und Starkholz und bei der Aufarbeitung der geschlägerten Bäume sind die jeweils richtigen Schnitte auszuführen (siehe Kapitel 9).

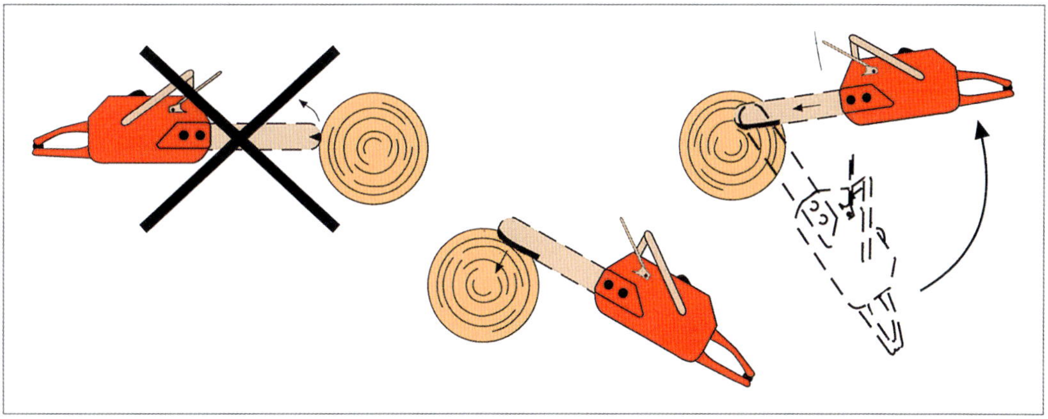

Richtiges Ansetzen des Stechschnittes

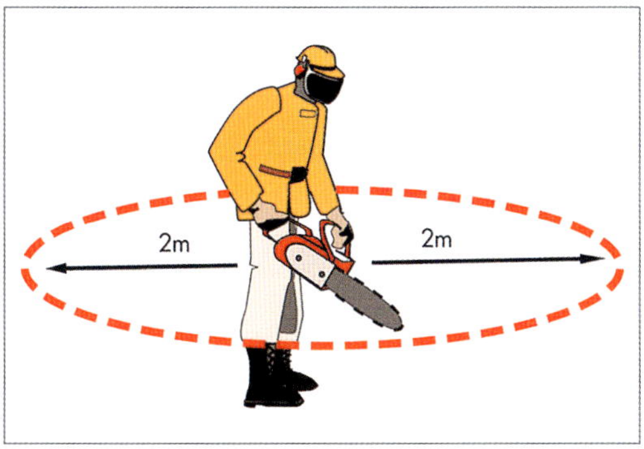

Gefahrenbereich

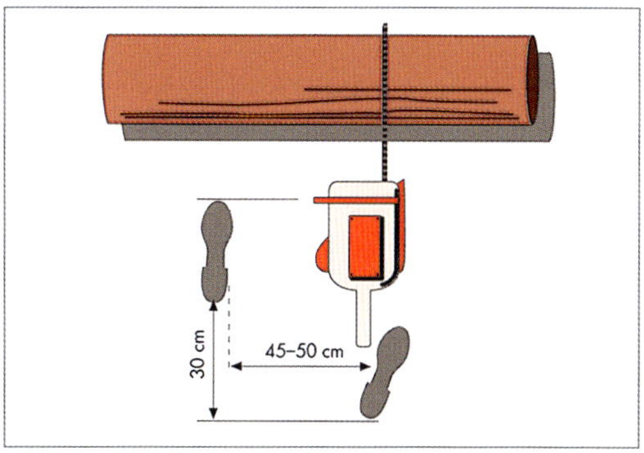

Richtige Fußstellung beim Arbeiten mit der Motorsäge

8.4.3 Rettungskette bei Forstunfällen

Die Planung und Organisation der Rettungskette ist ein Bestandteil der Evaluierung und des Arbeitsauftrages laut Arbeitnehmerschutzgesetz. Jeder, der im Wald arbeitet, muss sich mit der Möglichkeit eines Unfalls und der Rettung des Verunfallten auseinandersetzen.

Ablauf der Alarmierungskette

- Wer meldet? Name und Telefonnummer bekannt geben
- Was ist passiert? Beispielsweise Forstunfall, Anzahl der Verletzten, Art der Verletzung
- Wo ist der Unfallort? Referenzmeldung für den Hubschrauber, Koordinatenangabe (evtl. mittels App am Handy) – stark rauchendes Feuer oder Nebelpatrone zünden
- Wie kommt die Rettung zum Unfallort? Zufahrtswege beschreiben, Straßenbeschaffenheit, Treffpunkt
- Warnhinweise für Hubschrauber, z. B. Tragseil einer Seilbahn, Wetter, Sichtverhältnisse

FRAGEN ZUM KAPITEL

1. Was bedeutet der Begriff „Ergonomie“ und warum ist diesem besondere Beachtung zu schenken?
2. Erklären Sie die richtige Körperhaltung bei der Hebearbeit.
3. Wie sollen die Pausen bei der Waldarbeit aufgeteilt sein?
4. Welche Arbeitspausen haben einen höheren Erholungswert?
5. Welche Werkzeugausrüstung ist in der Regel bei der Waldarbeit erforderlich?
6. Welche Tätigkeiten sind bei der „täglichen Wartung“ der Motorsäge durchzuführen?
7. Nennen Sie die beiden häufigsten Kettenteilungen und die dazu passenden Feilendurchmesser.
8. Welche sonstigen wichtigen Werkzeuge werden bei der Waldarbeit verwendet?
9. Wo findet der Fällheber seine Verwendung?
10. Welche Teile gehören zur persönlichen Schutzausrüstung (siehe Abbildung)?
11. Mit welchen beiden Methoden wird die Motorsäge sicher gestartet?
12. Wie groß ist der unmittelbare Gefahrenbereich rund um den Motorsägenführer?
13. Erklären Sie die richtige Fußstellung bei der Motorsägenarbeit.
14. Wie hält bzw. führt man die Motorsäge richtig?
15. Wie erfolgt das richtige „Anstechen“ mit der Motorsäge?
16. Nennen Sie die allgemeinen Sicherheitsregeln bei der Waldarbeit!
17. Was ist nach einem Forstunfall zu tun (Rettungskette)?
18. Wie lautet der Ablauf der Alarmierungskette bei einem Forstunfall?

9. ERNTE DES HOLZES

Die Nutzung des Waldes muss so weit wie möglich pfleglich erfolgen, das heißt ohne Schäden am verbleibenden Bestand und am Boden. In größeren Forstbetrieben wird der durchschnittliche Holzzuwachs laufend entnommen. Der Kleinwald wird meist aussetzend in Perioden von mehreren Jahren genutzt. Die anfallenden Arbeiten, die einen hohen Arbeitsverdienst erbringen, sollen möglichst durch die Waldbesitzer mit entsprechenden Kenntnissen und Praxis selbst durchgeführt werden. Richtige Arbeitsmethoden erleichtern und beschleunigen nicht nur die Waldarbeit, sondern vermindern auch die Unfallgefahr.

9.1 VOR- UND ENDNUTZUNG

Die Vornutzung des Waldes besteht vor allem in seiner Durchforstung. Die Endnutzung erfolgt durch die Schlägerung des Altholzes im Kahl- oder Dauerwaldbetrieb. Der Einkommensbeitrag des Waldes hängt vom Ertrag seiner Vor- und Endnutzung ab.

Der Zeitpunkt der Schlägerung ist für die Holzqualität und die Arbeitsdurchführung von wesentlicher Bedeutung. Grundsätzlich ist in der Saftruhe zwischen Sommer- und Winterschlägerung zu unterscheiden.

Die Vor- und Nachteile der Sommerschlägerung

Vorteile

- Die Arbeit ist leichter, bequemer und auch sicherer, da der Boden nicht gefroren und das Werkzeug nicht kalt ist.
- Der Arbeitsplatz ist leichter erreichbar, daher kürzere Anmarschzeiten.
- Der Tag ist länger, daher kann er vor allem bei Akkordarbeit besser genützt werden.
- Das Holz trocknet rasch und ist daher für die Rückung leichter.

Nachteile

- Das Holz trocknet vor allem auf Sonnenhängen zu schnell und wird rissig.
- Bei längerer Lagerung am Schlagort treten Qualitätsverluste ein (Pilzbefall, Blaufäule bei Kiefer, Sonnenrisse).
- Das Holz muss so rasch wie möglich vom Wald abtransportiert werden oder vor Borkenkäferbefall mit Stammschutzmitteln geschützt werden. Hier müssen aber die Vorschriften der Pflanzenschutzverordnungen eingehalten werden.
- Gefahr des Käferbefalles bei Nadelholz in Rinde.

Die Vor- und Nachteile der Winterschlägerung

Vorteile

- Das Holz ist von besserer Qualität, da es in Saftruhe geschlägert wird.
- Befall von Pilzen und Insekten tritt nicht auf.
- Der Arbeitseinsatz ist leichter zu planen, da weniger andere Arbeiten in der Landwirtschaft anfallen.
- Der Waldboden und eine eventuelle Naturverjüngung werden geschont.

Nachteile

- Die Arbeit und der Weg zum Arbeitsplatz sind erschwert.
- Die Arbeitszeit wird durch den kurzen Tag begrenzt.
- Das Holz ist schwer (Rückung).
- Besondere Unfallgefahr, daher gutes Schuhwerk und sonstige Schutzausrüstung sehr wichtig.

Vor allem die Forstwege tragen dazu bei, dass heute die Schlägerung das ganze Jahr hindurch erfolgen kann.

> Wertvolle Laubhölzer sowie Kiefer sollten nur bei Saftruhe, alle übrigen Baumarten können im Sommer und Winter geschlägert werden.

Die Schlägerungsarbeiten umfassen das Fällen der Bäume sowie deren Entastung und die Ausformung (Ablängen). Nur in Ausnahmefällen wird im Wald die Entrindung durchgeführt. Je nach **Örtlich-**

keit, wo diese Arbeiten durchgeführt werden, lassen sich folgende Erntemethoden unterscheiden:

- **Sortimentsverfahren**
  Sämtliche Schlägerungsarbeiten erfolgen am Schlägerungsort.
- **Stamm-(Schaft-)Verfahren**
  Der gefällte Baum wird an Ort und Stelle entastet, das Ausformen erfolgt an der Forststraße oder am Lagerplatz.
- **Vollbaumverfahren**
  Der gefällte Baum wird mit den Ästen gerückt; alle anderen Arbeiten erfolgen meist maschinell an der Straße oder am Lagerplatz.
- **Ganzbaumverfahren**
  Der Baum wird inklusive der Wurzelstöcke ausgerissen und mit den Ästen gerückt; alle anderen Arbeiten erfolgen meist maschinell an der Straße oder am Lagerplatz.

Das **Sortimentsverfahren** ist die früher einzig übliche Erntemethode, da sie ohne **Großmaschineneinsatz** auskommt. Kleine Holzmengen, zufällige Ergebnisse und Bäume im Steilhang wird man auch weiterhin nach dieser Methode ernten.

Wo der Einsatz von **Traktoren und Seilwinden** möglich und rentabel ist, kann die **Stammmethode** angewandt werden. Ihr Vorteil liegt darin, dass man größere Holzmengen schneller zur Straße bringen und das Ausformen und Messen bequemer und marktgerechter durchführen kann.

Die **Vollbaummethode**, bei welcher der gefällte Baum samt den Ästen gerückt wird, ist nur sinnvoll, wenn die **Aufarbeitung voll mechanisch** erfolgen kann (z. B. Prozessoren). Verloren geht der Düngewert der Äste. Im Zuge der Fällung sollten deshalb wenigstens die Wipfel abgezopft werden und im Wald verbleiben.

> Für die Holzernte im Kleinwald eignen sich die Sortiments- und Stammmethode, bei entspechender maschineller Ausstattung auch die Vollbaummethode (bei Vorhandensein eines Traktor-Anbauprozessors).

Vor Durchführung einer Schlägerung ist zu prüfen, ob die Nutzung nach dem Forstgesetz bei der zuständigen Behörde (Bezirkshauptmannschaft) anmeldepflichtig ist. Ist eine Schlägerungsanmeldung notwendig, muss sie rechtzeitig, sechs Wochen vor Arbeitsbeginn, erfolgen.

9.2 FÄLLUNG

Im Bergland sollte der Baum bergauf geworfen werden, um die Fallwucht zu mindern. Die Fällrichtung richtet sich nach Arbeitsverfahren und -methode. Für eine Bodenrückung wird fischgrätartig nach außen geworfen, für eine Seilbringung umgekehrt.

> Zuerst die Art der Rückung bestimmen, dann erst die Schlägerung vornehmen!

Arbeitsablauf bei der Fällung:

- **Arbeitsauftrag**
  Festlegung von Schlägerungsort, Art der Bringung, Ausformung, Sortimente und dergleichen.
- **Arbeitsvorbereitung**
  Feinerschließung festlegen, Holzauszeige vor der Schlägerung; Festlegung eventueller Bezahlung an Forstarbeiter; Bereitstellung von Fahrzeugen und Unterkunft; Herrichten des Werkzeuges; Schlägerungsübereinkommen abschließen.
- **Aufsuchen des Baumes/Beurteilung**
  Grobe Festlegung der Fallrichtung; Ablage des Werkzeuges.
- **Bestimmung der Fallrichtung**
  Wenn möglich bergwärts werfen; auf Rückung achten; Jungwuchs schonen; pfleglich arbeiten.
- **Arbeitsplatz säubern**
- Äste, Steine und Reisig entfernen; Stammfuß freimachen; Naturverjüngung schonen; Fluchtweg festlegen.
- **Wurzelanläufe wegschneiden**
- **Fallkerb schneiden**
- **Splintschnitte führen** (nur bei gesunden Normalfällen und Vorhängern)
- **Fallbereich prüfen**
  Warnungsruf, dann erst fällen.
- **Fällschnitt durchführen**
- **Keilen und Baum werfen, abwarten**
- **Waldbart absägen**

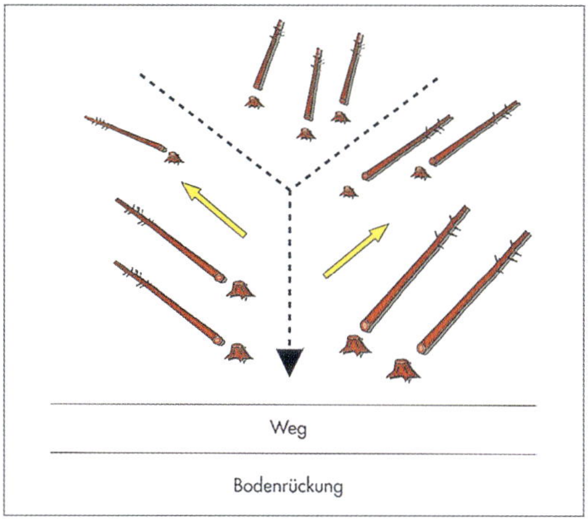

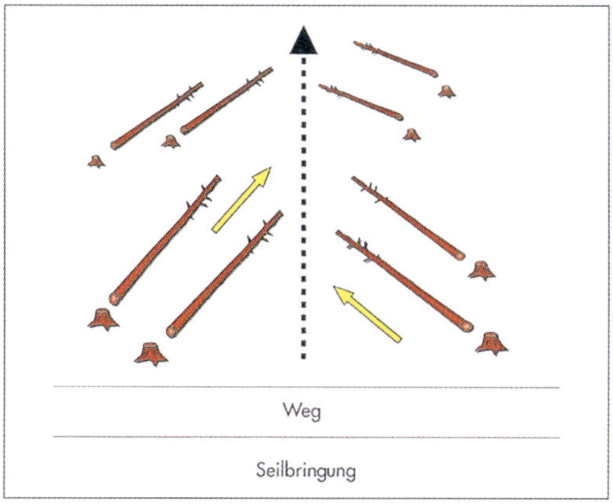

Fallrichtung bei Bodenrückung bzw. bei Seilbringung

Besonders bei der Laubholzfällung muss mit größter Vorsicht unter Einhaltung einer durchdachten Fälltechnik gearbeitet werden, da sich dabei mehr als die Hälfte der schweren und tödlichen Unfälle ereignen. Von besonderer Wichtigkeit ist der Sicherheitsabstand. Im Fällbereich dürfen sich nur jene Personen aufhalten, die direkt mit der Fällung beschäftigt sind (maximal zwei Personen). Es sollte nie allein gearbeitet werden. Eine zweite Person soll sich zumindest in Rufweite befinden.

9.2.1 Fälltechnik im Schwachholz

Um den verbleibenden Bestand zu schonen, sollten in Durchforstungsbeständen vor der eigentlichen Fällung immer Rückegassen und, wenn notwendig, zusätzlich auch Seilzuggassen angelegt werden (im schlepperbefahrenen Gelände fischgrätenartig, im steilen Gelände in der Falllinie).

Vor der Fällung werden tiefbeastete Stämme gegen den Uhrzeigersinn bis in Schulterhöhe aufgeastet (schiebende und ziehende Kette, das Schwert darf nicht verkantet werden).

Schrägschnitt

Bei sehr schwachen Stämmen bis ca. 20 cm Stockdurchmesser kann ein Schrägschnitt im Winkel von höchstens 20 Grad ausgeführt werden (in der Praxis meist 15 cm).

Hohe und steile Stöcke stellen eine Gefahr für den Arbeiter dar und sollen nachgeschnitten werden. Das Schneiden mit schiebender Kette begünstigt das Abgleiten am Schwert.

Fällschnitt mit Fallkerb

Bei Stämmen mit ca. 10–20 cm Stockdurchmesser wird ein kleiner Fallkerb (ca. ein Fünftel des Stockdurchmessers) geschnitten.

Gefahrenbereich

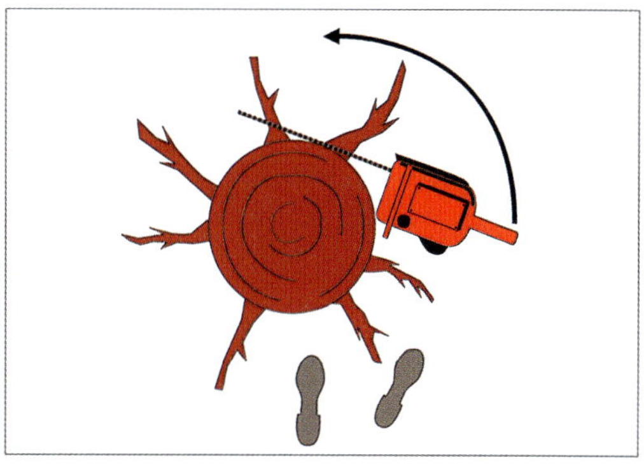

Richtiges Aufasten gegen den Uhrzeigersinn

Fußstellung und Arbeitsvorgang beim Schrägschnitt

Der Fällschnitt wird auf gleicher Höhe wie die Fallkerbsohle mit ziehender Kette geschnitten. Eine schwache Bruchleiste wird stehengelassen und der Stamm anschließend händisch umgedrückt.

Fällheberschnitt

> Bei bereits stärkeren Durchmessern (ab ca. 20 cm Stockdurchmesser, mit Bruchstufe) wird der Fällheberschnitt angewendet.

Folgende Teilarbeiten sind zu beachten:

- Etwa ein Fünftel des Stockdurchmessers Fallkerb schneiden
- Aus derselben Standposition Fällschnitt ohne Bruchstufe mit ziehender Kette schneiden – dabei jedoch eine seitliche Halteleiste und eine Bruchleiste belassen

Fällheber

- Den Fällheber in den Fällschnitt einschieben
- Halteleiste schräg von oben, ohne die Bruchleiste zu schwächen, durchtrennen
- Durch Anheben des Fällhebers mit geradem Rücken Baum zu Fall bringen

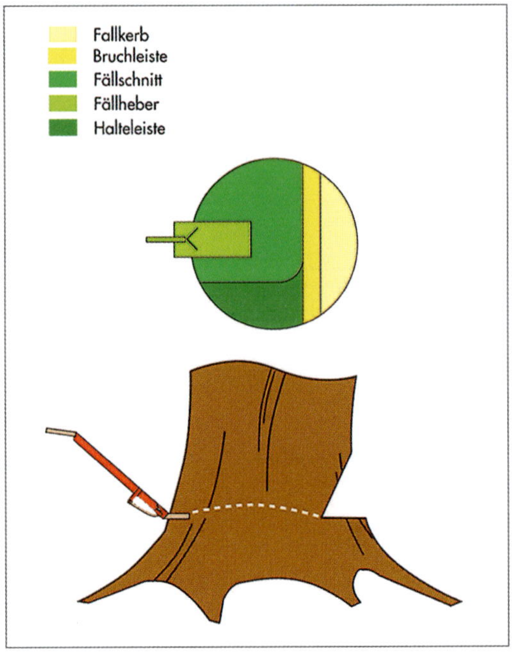

Fällheberschnitt

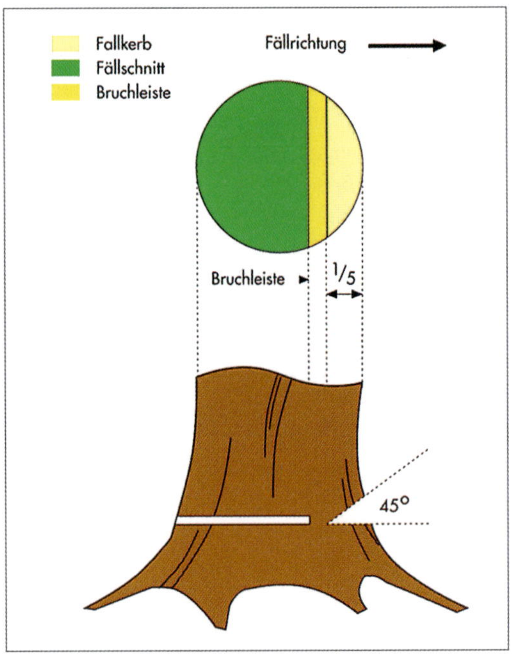

Fällschnitt mit Fallkerb im Schwachholz

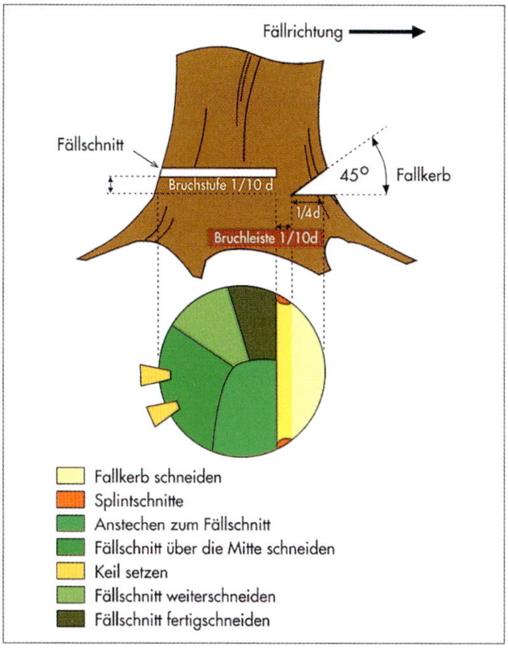

Fälltechnik beim Starkholz

Bruchleiste und Bruchstufe

9.2.2 Fälltechnik im Starkholz

Bei einem geradestehenden Baum mit gleichmäßiger Belastung (Normalfall) besteht folgender Arbeitsablauf:

Fällungsvorbereitung

- Baumbeurteilung (Höhe, Durchmesser, Spannung)
- Fällrichtung bestimmen
- Werkzeug ablegen (griffbereit, nicht behindernd)
- Arbeitsplatz freimachen (Äste, Sträucher usw.)
- Stammfuß im Schnittbereich freimachen
- Fluchtweg bestimmen und freimachen
- Starke Wurzelanläufe wegschneiden

Fallkerb schneiden

- Fallkerbsohle waagrecht schneiden, ca. ein Viertel des Stockdurchmessers ohne Wurzelanläufe
- Fallkerbdach in einem Winkel von ca. 45 Grad schneiden, Schnitte müssen einander treffen
- Fallrichtung überprüfen und, wenn nötig, durch Nachschneiden korrigieren

Fällung

- Splintschnitte anlegen (verhindert das Aufreißen des Stammes)
- Warnruf abgeben!
- Fällschnitt anlegen. Dieser wird um Zehntel des Stockdurchmessers höher als die Fallkerbsohle angelegt, damit eine Bruchstufe entsteht
- Zwischen Fallkerb und Fällschnitt eine Bruchleiste stehenlassen (ca. ein Zehntel des Stockdurchmessers). Diese gibt dem Baum beim Fallen die Führung
- Die Keile rechtzeitig setzen – nach beendetem Fällschnitt Motorsäge abstellen, Fällbereich überblicken und Warnruf abgeben!
- Baum umkeilen
- Zurückweichen – Kronenbereich und Stammende beobachten!

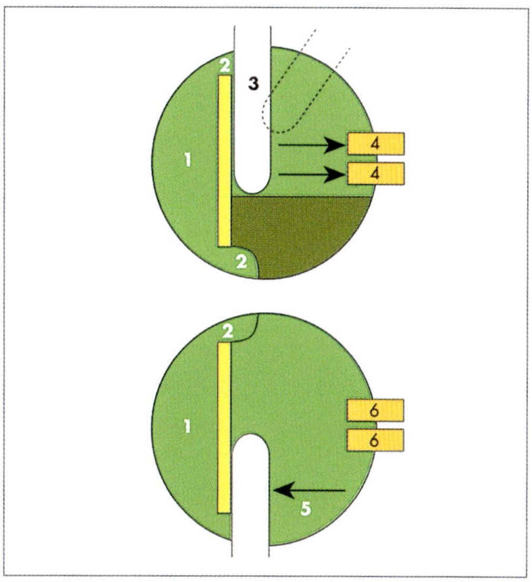

Schnittführung bei schwächerem Stammdurchmesser

Bei kleineren Starkholzdurchmessern (Schwertlänge der Motorsäge plus max. 20 cm) besteht bei oben beschriebener Schnittführung die Gefahr, dass die Bruchleiste geschwächt bzw. ganz durchtrennt wird. Hier ist eine Schnittführung ähnlich dem Fällheberschnitt günstiger.

Bei schwächeren Stammdurchmessern wird das Schwert nach dem Anstechen parallel zur Bruchleiste nach hinten geführt. Die Stützleiste wird auf der Fällschnittebene durchtrennt.

Bei besonders starken Durchmessern (Stockdurchmesser größer als die doppelte Schwertlänge) wird ein Herzstich in Bruchstufenhöhe durchgeführt.

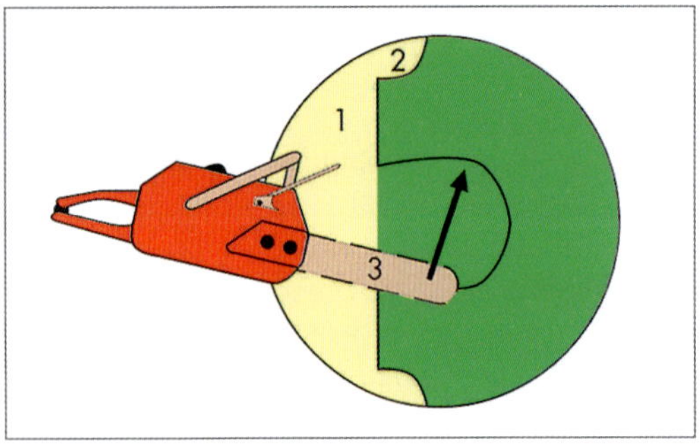

Schnittführung beim Herzstich

9.2.3 Das Fällen von Sonderfällen

Als Sonderfälle werden Rück-, Vor- und Seithänger bezeichnet. Sonderfälle sind sehr gefährlich zu fällen, daher sind besondere Vorsicht und genaue Beachtung der Reihenfolge der Teilarbeit beim Fällen notwendig.

Rückhänger

- Mit dem Fällschnitt beginnen (ca. die Hälfte des Stockdurchmessers)
- Keil setzen
- Fällschnitt fortführen
- Aufkeilen, bis der Baum gerade steht, als Alternativen stehen hydraulische Fällhilfen, wie ein Hebmantel oder hydraulische Fällkeile, zur Verfügung
- Warnruf!
- Fallkerb schneiden (ca. ein Fünftel des Stockdurchmessers)
- Bruchleiste fertigschneiden (in kleinen Schritten)
- Warnruf, Fällbereich überblicken!
- Umkeilen

Hydraulische Fällhilfe (für Rückhänger)

Vorhänger

- Bei starken Vorhängern oder Laubhölzern ist das Anlegen einer Stammpresse aus Sicherheitsgründen empfehlenswert
- Fallkerb anlegen
- Splintschnitte
- Warnruf

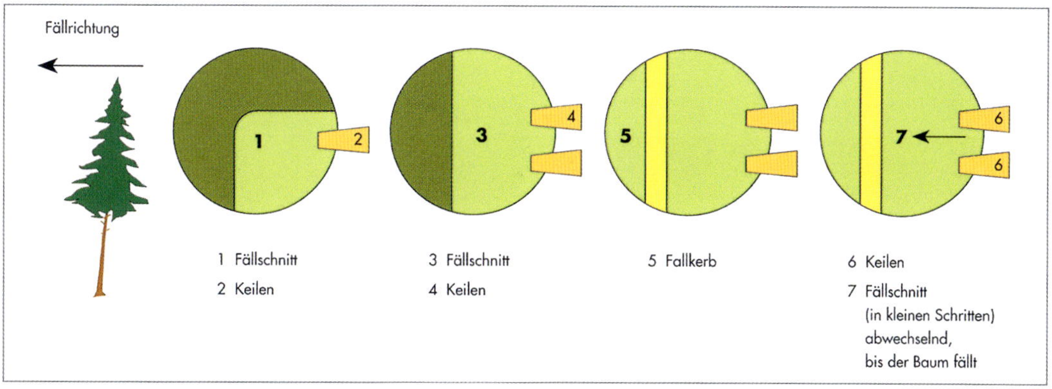

Fälltechnik bei Rückhängern

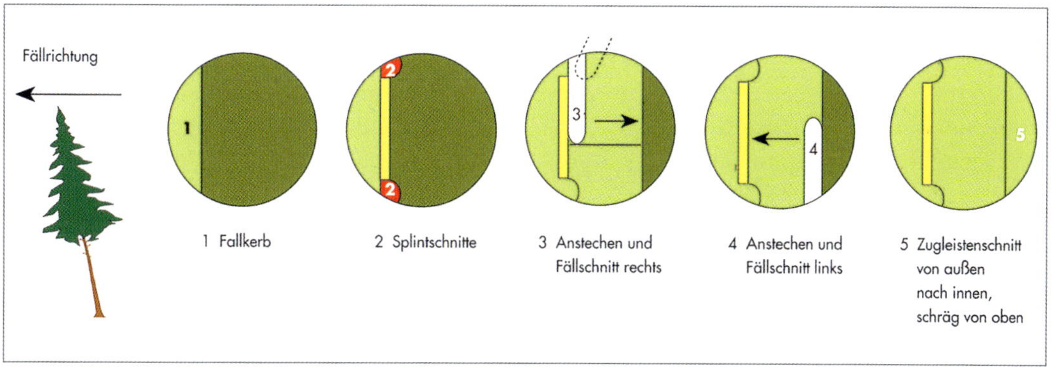

Fälltechnik bei Vorhängern

- Beiderseits einstechen, bei schwachen Stämmen durchstechen und bis zur Halteleiste schneiden
- Warnruf, Fällbereich überblicken
- Halteleiste von außen, schräg von oben durchtrennen
- Fällschnitt weiterführen, bis der Baum zu fallen beginnt, das Bruchdreieck beträgt ca. 1/5 des Stockdurchmessers

V-Schnitt-Technik

Nur dort zulässig, wo die Fällrichtung des Baumes durch das Vorhängen nicht mehr beeinflussbar ist. Durch diese Technik wird die Spannung während des Fällschnittes rasch abgebaut. Während der Arbeitsausführung muss eine sichere Arbeitsposition eindeutig gegeben sein. Achtung: Nur für Geübte!

Arbeitsablauf:

- Kerben mit Dach und Sohlenneigung anlegen (Öffnungswinkel 45–60 Grad)
- Warnruf! Fällbereich überblicken
- Fällschnitt ausführen – ca. 2 cm höher als die Kerbsohlenschnitte

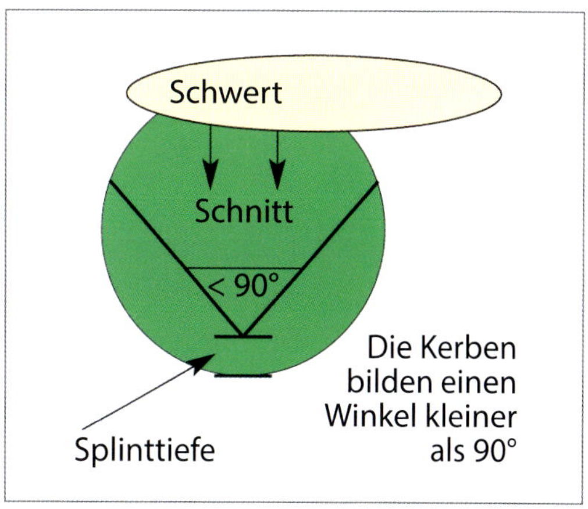

V-Schnitt

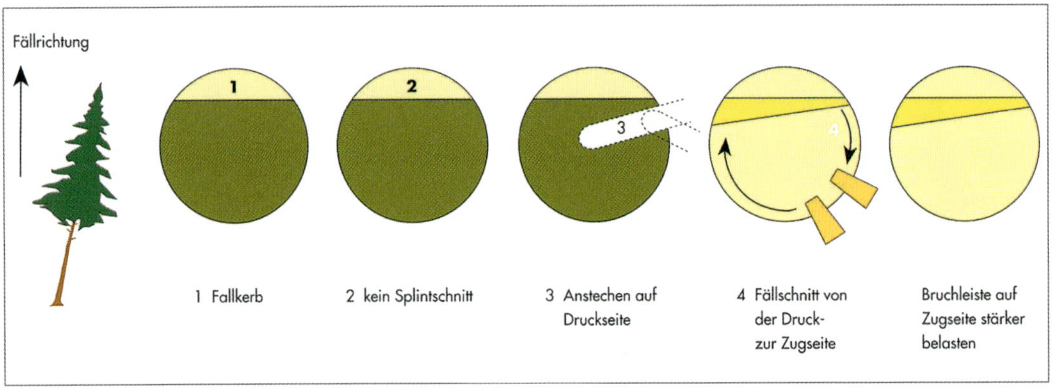

Fälltechnik bei Seithängern

Seithänger

- Fallkerb schneiden, Richtung ausgleichen
- Warnruf!
- Anstechen an der Druckseite
- Fällschnitt an Druckseite beginnen – Bruchleiste an der Zugseite stärker belassen
- Keile/Stammpresse an der Druckseite setzen
- Fällschnitt beenden
- Warnruf! Fällbereich überblicken!
- Umkeilen; wenn Baum fällt, zurückweichen

Sicherheitshinweise zur Laubholzschlägerung

Die Fällung von Laubbäumen ist gefährlicher als die von Nadelbäumen. Zusätzliche **Unfallgefahren**:

- Infolge glatter Stämme leichteres Abrutschen des Holzes
- Große Spannungen im Holz – Schnellen bei Trennschnitten
- Häufiges Herabfallen von schweren Ästen

Um die **Unfallgefahr** soweit wie möglich **zu senken**, sollten folgende Hinweise beachtet werden:

- Etwas höhere Bruchstufe als normal
- Immer Splintschnitte anlegen
- Bruchleiste etwas schwächer anlegen
- Kritische Sonderfälle (Rückhänger) nur mit Zuggeräten fällen
- Bei Vorhängern immer eine Halteleiste belassen
- Auch im Schwachholz auf eine Bruchstufe nicht verzichten
- In besonders kritischen Fällen muss eine Stammpresse das Aufreißen verhindern
- Zusätzlich Sicherung der Baumkronen durch ein angebrachtes Seil in der Baumkrone. Das Zu-Fall-Bringen des Baumes erfolgt windengestützt oder mit einem Hubzug. Achten Sie bitte auf die Sicherheitsbereiche! (Darmstätter und Heilbronner Anschlagtechnik)

9.2.4 Zu-Fall-Bringen von Aufhängern

Ein Großteil der Aufhänger ließe sich vermeiden, würde die Fällung sorgfältig und genau durchgeführt werden.

Stammpresse

Seilbefestigung mittels Darmstätter Anschlagtechnik

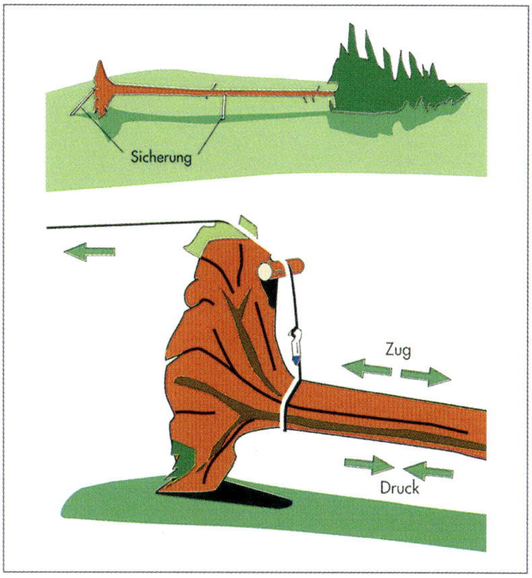

Richtiges Absichern bei Windwürfen

Wichtig ist vor allem die genaue Festlegung und Kontrolle der Fällrichtung. Ergibt die Kontrolle eine Abweichung der geplanten Fällrichtung, so kann durch Nachschneiden des Fallkerbes die Fällrichtung korrigiert werden.

Möglichkeiten für das Zu-Fall-Bringen von Aufhängern:

- Bei **Schwachholz** mit Packzange austragen, ausdrehen mit dem Wendehaken des Fällhebers oder mit dem Sappel über den Stock hebeln.
- Bei **Starkholz** ausdrehen mit dem Ringwendehaken und einer Stange als Hebel, mit dem Sappel über den Stock hebeln, abhebeln mit gekreuzten Hölzern oder Ausziehen des Aufhängers mit Traktorseilwinde.

Aufhänger müssen in jedem Fall sofort zu Fall gebracht werden.

9.2.5 Aufarbeitung von Schadholz

Arbeiten im Windwurf sind äußerst gefährlich; sie werden mit der Windrichtung aufgearbeitet und können vom Wipfel begonnen werden.

Die Schadholzaufarbeitung soll nur vom Profi durchgeführt werden. Schulungen und Informationen dazu erhalten Sie an den Forstlichen Ausbildungsstätten in Österreich!

Besonders das Abrollen und Umkippen von Wurzeltellern verursacht Tod oder schwerste Verletzungen durch Erdrücken oder Überrollen.

Wurzelteller sind durch Abstützen oder durch Zurückhängen mit Seilzuggeräten gut abzusichern.

Bei Flächenwindwürfen und übereinanderliegenden Bäumen sollten die Windwurfnester durch den Einsatz einer Seilwinde aufgelöst werden.

Richtige Fällung von geknickten Bäumen

Bei der Aufarbeitung von Schadholz ist größte Vorsicht geboten.

Bei den Trennschnitten ist die Schneidetechnik für verspannte Hölzer genau zu beachten.

Oft unterschätzt wird das Fällen von Stämmen ohne Krone. Die Folge dieses Leichtsinns sind schwere bis tödliche Verletzungen. Daher ist auch beim Fällen von abgewipfelten Bäumen stets genügend Bruchleiste zu belassen. Der Einsatz des Fällhebels ist von Vorteil.

Bei geknickten Bäumen sollte zuerst versucht werden, mittels Seilzugs den Kronenteil niederzuziehen. Ist dies nicht möglich, ist der Stamm seitlich zu fällen.

9.3 ENTASTUNG

Es muss zwischen einer Entastungstechnik im Schwach- und Starkholz unterschieden werden.

9.3.1 Entasten von Schwachholz

Die Entastung von Nadel- und Laubholzsortimenten wird im Sortiments- und Stammverfahren mit der Motorsäge durchgeführt. Eine Axtentastung wird aus rationellen Gründen kaum mehr durchgeführt.

Motorsägenentastung

Dabei wird, wie im Starkholz, die Hebelmethode angewendet. Bei schwachen Ästen (ca. 1,5 cm Astdurchmesser) ist die Schwingentastung rationell. Sie sollte jedoch nur von geübten Motorsägenführern angewendet werden und erfordert eine spezielle Technik.

9.3.2 Entasten von Starkholz

Im Starkholz ist in der Praxis nur die Motorsägenentastung üblich. Je nach Beastungsstärke und Baumart unterscheidet man zwischen Hebelmethode (Dürrastzone) und Scheitelmethode (Grünastzone).

Hebelmethode

Dabei wird das Schwert durch Hebeln in den Schnitt gedrückt. Die Motorsäge wird entweder am Stamm oder am rechten Bein abgestützt. Die Körperhaltung sollte möglichst aufrecht sein. Der Haltebügel der Motorsäge muss immer mit geschlossenem Griff umfasst werden.

Die Entastung beginnt in der Regel auf der rechten Stammseite. Wird auf der Stammoberseite bzw. auf der Standseite des Motorsägenführers entastet, muss das linke Bein zur Seite gestellt werden.

Als Motorsäge eignet sich am besten eine Leicht- oder Mittelklassesäge.

Entasten – Hebelmethode

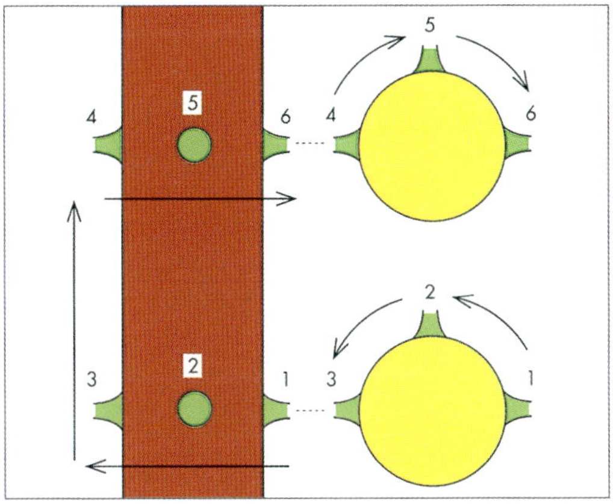

Richtiger Arbeitsablauf bei der Hebelmethode

Scheitelmethode

Dabei werden alle Äste – um ein Einklemmen des Schwertes zu verhindern – von der Zugseite durchtrennt. Die Entastung beginnt an der Stammoberseite (Scheitel) und wird anschließend an der Gehseite (linke Stammseite) fortgesetzt. Zum Schluss wird die rechte Stammseite fertig entastet. Während des Vorgehens zum nächsten Astkranz sollte sich das Schwert auf der rechten Stammseite befinden. Stark verspannte Äste sollten vorher gestummelt werden.

Geeignet ist wiederum eine Leicht- oder Mittelklassesäge.

Bei allen Entastungstechniken wird gleichzeitig das Rollmaß verwendet. Dabei werden die einzelnen Längen markiert bzw. die Trennschnitte durchgeführt.

Scheitelmethode

Einsatz des Rollmessbandes bei der Astung

9.4 TRENNSCHNITTE

9.4.1 Trennschnitte bei unverspanntem Holz

Schwache Hölzer werden mittels ziehender oder schiebender Kette mit einem einfachen Schnitt durchtrennt. Bei der Arbeit am Hang immer auf der Bergseite stehen!

Bei stärkerem Holz wird an der Senkrechten (Gegenseite) vorgeschnitten. Sehr starke Hölzer werden mit einem doppelten Trennschnitt durchtrennt. Am Hang zuerst auf der Talseite, dann auf der Bergseite arbeiten. Druck- und Zugseite beachten!

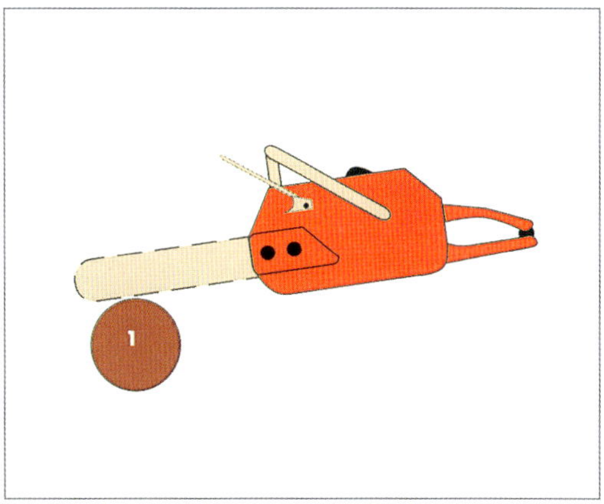

Trennschnitt – schwaches Holz

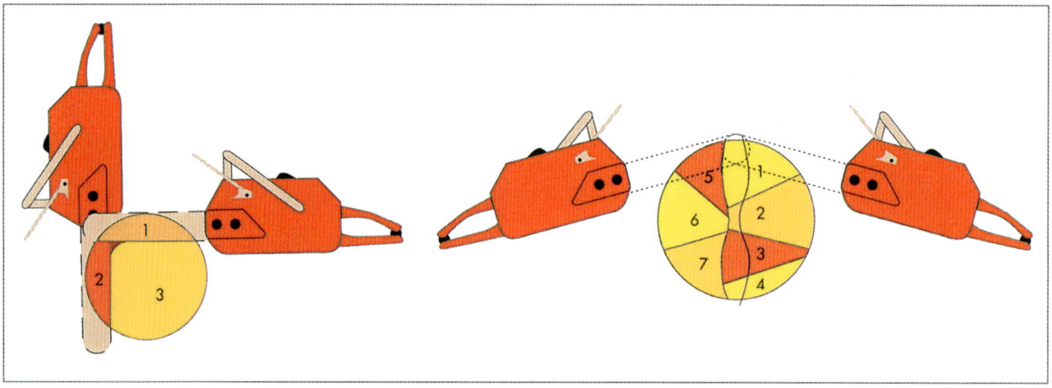

Trennschnitt – starkes Holz; doppelter Trennschnitt

9.4.2 Trennschnitte bei verspanntem Holz

Bei verspanntem Holz (Durchhänger, Überhänger) ist stets auf die Druck- und Zugseite zu achten. Bei Trennschnitten beginnt die Bearbeitung des Stammes immer auf der Druckseite. Bei sehr stark verspanntem Holz soll zusätzlich eine Bruch- und Halteleiste belassen werden!

Zapfenschnitt

Trennschnitt

Bei sehr stark verspannten Hölzern, z. B. windgeworfenen Bäumen, ist der sogenannte Zapfenschnitt empfehlenswert. Ein in zwei Ebenen versetzter Trennschnitt trennt den Baum vom Stock. Anschließend wird der Stamm mittels Seilwinde vom Stock heruntergezogen.

9.5 BRINGUNG

Bringung ist die Beförderung von Holz oder sonstigen Forstprodukten aus dem Wald bis zu einer öffentlichen Verkehrsanlage bzw. zum Ort der Verarbeitung (Sägewerk, Industrie).

Dabei lassen sich folgende **Abschnitte** unterscheiden:

- **Rückung** ist die Holzbringung vom Hackstand bis zur Forststraße. Das händische Holzbringen bergab mit Hilfe der Schwerkraft wird als „Liefern“ bezeichnet.
- **Lagerung** ist die Zwischenlagerung des Holzes für die Abfuhr im Wald.
- **Abfuhr** ist der Transport des Holzes auf der Forststraße bis zum öffentlichen Straßennetz oder Verbraucher.

9.5.1 Rückung

In welchem Zustand Bäume gerückt werden, hängt von der Erntemethode ab, welche aufgrund der Holzmenge, der verfügbaren Rückemittel etc. gewählt wird.

Für den Kleinwald kommen die sortimentsweise und stamm-(schaft-)weise Rückung in Betracht.

Das baumweise Rücken ist nur bei einer hochmechanisierten Ernte sinnvoll und setzt das Vorhandensein eines Prozessors voraus.

Die stammweise Rückung hat gegenüber der sortimentsweisen Rückung, die mit menschlicher und tierischer Kraft das Auslangen findet, folgende Vor- und Nachteile:

Vorteile

- Arbeitserleichterung, da die Ausformung nicht am Fällort erfolgt.
- Weniger Anhängearbeit, da ganze Stämme geliefert werden.
- Bessere Marktanpassung, da individuellere Ausformung und Sortierung möglich.

Nachteile

- Bei unsachgemäßer Arbeit mehr Schäden an Boden und Bestand.
- Mehr Planung und Organisation erforderlich.
- Hohe Anschaffungskosten für die erforderlichen Maschinen und Geräte.

Für die Rückung kommen die folgenden **Rückemittel** in Betracht.

Menschliche Kraft

Trotz hoher Mechanisierungsmöglichkeiten der Waldarbeit ist bei der Rückung die menschliche Arbeitskraft notwendig.

Während früher das Rücken weitgehend mit der Schwerkraft, mit dem Sappel, erfolgte, sollte diese Rückemethode heute nur mehr bei folgenden Fällen angewendet werden:

- Sammeln und Vorrücken des Holzes für andere Rückearten
- Liefern kleiner Mengen, z. B. aus zufälligen Ergebnissen oder aus Naturverjüngungen
- Rückung bei günstigen Einschlagsorten mit genügend vorhandenen Arbeitskräften bzw. auf kurze Entfernungen (maximal 200 m)

Beim Rücken mit dem Sappel wird das Holz meist unter Ausnützung der Schwerkraft an eine Stelle vorgerückt und über eine Erdriese oder ausgetafelte Riese zum Abfuhrweg geliefert. Erdriesen sind nach der Rückung mit Reisig zu verbauen, um Runsenbildungen zu vermeiden. Heute werden meist Kunststoffriesen (Log-Line) verwendet.

Ein einfacher Spranz erleichtert die händische Rückung. Dieser wird bei der Ausformung mit der Motorsäge stirnseitig in Rückerichtung angebracht.

Gleitbahnen (Log-Line)

Diese Halbschalen aus Kunststoff ermöglichen die Rückung von Holz bis ca. 5 m Länge und einem Durchmesser von 25 cm. Die einzelnen Halbschalen sind 5 m lang und wiegen 25 kg. Die Rückeentfernung ist mit etwa 100–200 m am günstigsten. Mit kleinen Seilwinden (Ackjawinde) werden die auf der Forststraße zusammengefügten Schalen in Längen von ca. 100 m in den Bestand gezogen.

Gleitbahnen haben folgende **Vorteile**:

- **Schonung des Bodens**, stehender Bäume und der Naturverjüngung
- Ausnützung der **natürlichen Schwerkraft**
- **Schnelle Montage** und rascher Neuaufbau möglich
- **Mindestgefälle 15 %** bei nassem oder gefrorenem Holz, Höchstgefälle 50 %
- **Leichte und pflegliche Rückung** des Holzes auf Forststraßen und Rückewegen aus Durchforstungen

Log Line

Schonende Stammrückung mit dem Pferd

Rückung mit der Rückezange

Tierische Kraft

Das Rücken mit dem Pferd hat eine Reihe von Vorteilen, wie die Möglichkeit der Einpersonenarbeit (Mensch – Tier), auch im Gebirge Liefern in Schichtenlinien, Umweltfreundlichkeit (kein Lärm und Gestank), geringe Bodenbeschädigung. Dennoch gelangt die tierische Zugkraft wenig zur Anwendung, da Pferde in der Land- und Forstwirtschaft kaum mehr als Arbeitstiere ausgebildet und eingesetzt werden. Für eine naturnahe Waldwirtschaft und für Kleinmengen, auch als Vorrückung zu einem anderen Rückesystem, ist die Pferderückung eine Möglichkeit.

Rückung mit Traktoren

Landwirtschaftliche Traktoren mit Seilwinden, Rückewagen oder Rückezangen ermöglichen auch im Kleinwald ein stammweises Rücken.

Traktoren sollen, wenn sie häufig für die Waldwirtschaft eingesetzt werden, mit einer entsprechenden **Forstausrüstung** versehen sein:

- Allrad ab 50 kW
- Ventilschutz, 10- bis 12-lagige Reifen und verstärkte Felgen
- Bodenschutzwanne
- Vordere Ballastgewichte, Frontschutz für Kühler und Scheinwerfer
- Schutzgitter für vordere, seitliche Begrenzungsleuchten und Rückeleuchten
- Vorne: abnehmbare Kotflügel
- Türen leicht abnehmbar, Rückspiegel einklappbar, Heckfenstergitter

Holzbringung mit Traktor und Seilwinde

- Astabweiser über dem Motor, der Auspuff soll unter dem Astabweiser sein
- Wegzapfwelle, doppelwirkende Hydraulik

Rückewagen und Rückezangen müssen allerdings technisch entsprechend ausgestattet sein (kräftige Seilwinde, Geländegängigkeit, schnelle Seilarbeit, große Belastbarkeit, Bergstütze für Seilzug, beim Rückewagen ein Schutzschild gegen anfahrende Stämme).

Im befahrbaren Gelände (flach, trocken, gefroren bis 30 % Geländeneigung) sind Krananhänger eine gute Alternative zu Seilwinden, da die Schleifrückung durch eine Tragerückung ersetzt werden kann.

Forstschlepper

Spezialtraktoren zum Rücken sind Forstschlepper (meist Knickschlepper). Bei diesen Maschinen handelt es sich um geländegängige Fahrzeuge mit Allradantrieb und leistungsfähigen

Seilwinden. Mit Hilfe dieser Geräte können ganze Bäume (Vollbaumernte) aus dem Bestand gezogen werden. Diese Maschinen werden eher im Großwald eingesetzt. Auf den Bodenschutz ist zu achten!

Forstschlepper kommen im Kleinwald im Allgemeinen nur bei gemeinschaftlicher Nutzung oder bei Unternehmereinsatz in Betracht.

Seilwinden

Für den bäuerlichen Wald werden Seilwinden am häufigsten in Verbindung mit einem Traktor verwendet. Beim Kauf ist auf das Gewicht der Seilwinde, die Montierbarkeit, den Platzbedarf, die Fahrzeugauslastung, die Beanspruchung der Hydraulik und die Leistungsmöglichkeit zu achten. Mit der Seilwinde ist es möglich, Holz sowohl bergauf als auch bergab zu rücken, was lange Lieferwege durch Bestände erspart. Mit Umlenkrollen, die an Stücken und Baumstämmen angebracht werden, ist die Rückung mit Traktorseilwinden zwar etwas aufwendiger, aber dafür sehr pfleglich für den verbleibenden Bestand. Die Arbeit mit einer Doppeltrommelseilwinde erspart das jeweilige Ausziehen des Zughakens durch einen eigenen Mann, da das sogenannte Rückholseil, welches auf der zweiten Trommel abrollt, den Zughaken auf den Schlagort zurückbringt. Die Planung des Einsatzes ist aufwendiger.

Der **Bodenseilzug** hat folgende Vorteile:

- Die Bringung des Holzes kann bei jeder Witterung, unabhängig von der Befahrbarkeit des Waldbodens, durchgeführt werden.
- Die Rückung erfolgt bei richtiger Anwendung **schadensfrei am Bestand** und am zu erntenden Holz. Bei Trockenheit und **gefrorenem Boden** erfolgt die Rückung **auch am Waldboden schadensfrei.**
- **Schnelle Überstellbarkeit** von einem Arbeitsort zum anderen.
- Kleine Holzmengen können **wirtschaftlich gerückt** werden.

Der Aufenthalt zwischen dem Dreieck Seilwinde, Umlenkrolle und den zu rückenden Baumstämmen ist aus Sicherheitsgründen verboten.

Kranhänger in der Waldwirtschaft

Mit dem Kranhänger können Sortimente von 2–6 m Länge aus dem Bestand gebracht werden. Dabei wird im mit Schleppern befahrbaren Gelände ausschließlich auf den Rückegassen gefahren. Der Holztransport auf Rückewegen, die Vorsortierung der einzelnen Sortimente auf der Forststraße, der Transport von Kleinmengen zu Lagerplätzen sind weitere Einsatzmöglichkeiten. Der Einsatz von Krananhängern rechnet sich ab einer Rückeentfernung von 300 m. Ein kleiner Krananhänger mit 8,5 t Nutzlast kann etwa 10 fm Rundholz transportieren. Die Zugmaschine muss an das Gewicht des Krananhängers angepasst sein.

Mobile Seilgeräte

Für die Rückung von Holz aus schwierigem, besonders steilem Gelände stehen mobile Seilanlagen zur Verfügung. Sie sind ab einer Holzmenge, welche der Tragseillänge entspricht, wirtschaftlich. Bei einer Tragseillänge von 100 lfm sollen ca. 100 fm Holz geerntet werden. Im Kleinwald kommen mobile Seilanlagen durch Unternehmer zum Einsatz. Professionell eingesetzte Seilanlagen sind auf einem Lkw mit Kran und Prozessorkopf aufgebaut (Gebirgsharvester). Mobile Seilanlagen mit Kippmast auf die Dreipunkthydraulik des Traktors montiert, werden meist von Seilanlagen mit Stationärmotor aus wirtschaftlichen Gründen abgelöst.

Das **Seilen mit modernen Seilanlagen** hat folgende **Vorteile:**

- Die Holzbringung ist **vom Wetter und vom Bodenzustand unabhängig.**
- Bei gut geplantem Einsatz ist **eine weitgehende Schonung von Holz, Boden und Bestand** möglich, da die Last seitlich zugezogen wird und meist freischwebend oder Kopf hoch gerückt wird.

Würgeketten

mit Verkürzungsmöglichkeit

ohne Verkürzungsmöglichkeit

Vorteile

- Geringe Abnutzung beim Bodenzug
- Keine Verletzungsgefahr durch Drahtbrüche
- Verkürzungsmöglichkeit durch Einhängelasche oder Spezialhaken
- Einfache Reparatur bei Kettenriss
- Kein selbsttätiges Aushängen bei Lockerung der Kette

Nachteile

- Größeres Gewicht
- Geringerer Würgeeffekt

Würgeseile

mit Seilgleitöse

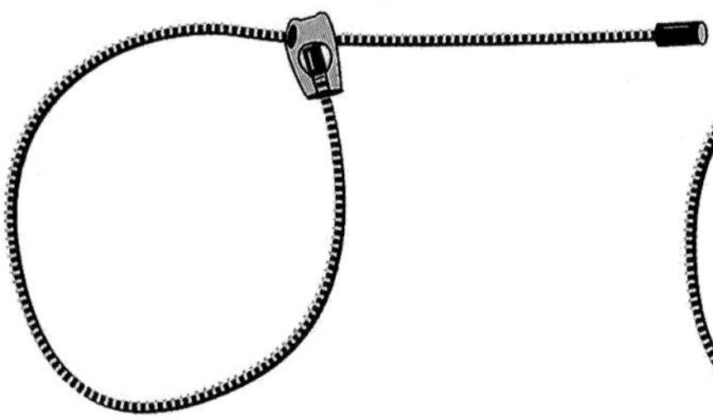

mit Seilgleithaken

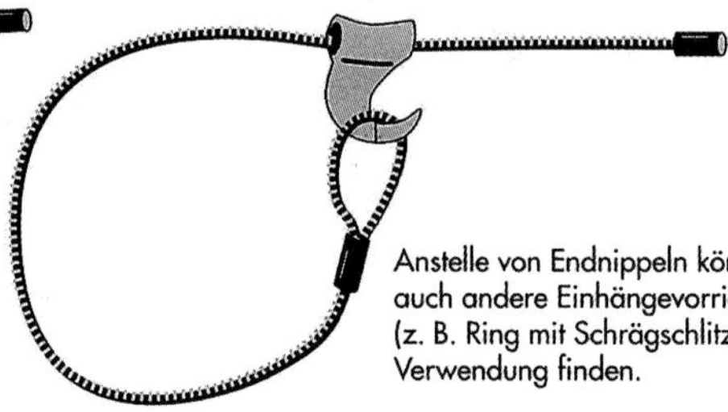

Anstelle von Endnippeln können auch andere Einhängevorrichtungen (z. B. Ring mit Schrägschlitz) Verwendung finden.

Vorteile

- Leichteres Befestigen der Lasten
- Geringes Gewicht
- Verkürzungsmöglichkeit durch Einhängelasche oder Spezialhaken
- Selbstherstellung möglich (verkeilte Nippel)
- Besserer Würgeeffekt

Nachteile

- Länge kann nicht verändert werden
- Hoher Verschleiß beim Bodenzug
- Verletzungsgefahr durch abstehende, verrostete Drähte
- Selbsttätiges Aushängen bei Lockerung der Seilschlinge

Zubehör für die Seilrückung

Einsatz eines mobilen Seilgerätes (Gebirgsharvester)

- Das Verfahren ist **vielseitig**, vom Sortiments- bis zum Vollbaumverfahren **einsetzbar**.
- Der seitliche Zuzug der Lasten ist bis max. 30 m rentabel, wobei die Schadensanfälligkeit am verbleibenden Bestand mit der Entfernung des seitlichen Zuzugs steigt.
- **Geländehindernisse** können leicht überwunden werden.
- Die Seilung ist **umweltfreundlich**.

Nachteilig sind die höheren Kosten gegenüber anderen herkömmlichen Rückeverfahren und die erforderliche bessere Ausbildung. Das Verfahren erfordert eine genaue Vorplanung. Durch Rationalisierungsmaßnahmen, Gebirgsharvestereinsatz und größere Nutzungsflächen ist eine Kostenreduktion möglich.

Vollmechanisierte Holzernte mittels Harvester und Forwarder

Die hochmechanisierte Holzernte mit Harvester und Forwarder stellt im befahrbaren Gelände (35 % Neigung für Radharvester und Forwarder und 50 % für Kettenfahrzeuge, meist seilgestützt) eine kostengünstige Variante der Holzernte dar. Der Einsatz solcher Maschinen ist erst ab einer Holzmenge von ca. 500 fm wirtschaftlich. Eine gemeinsame Organisation solcher Ernteeinsätze ist im Kleinwald sinnvoll.

Die Vorbereitung von Harvesterflächen durch Feinerschließung und waldbauliche Auszeige (Negativauslese) ist unbedingt im Vorfeld des Einsatzes vorzunehmen. Nur dadurch lassen

Hochmechanisierte Holzernte

sich waldbauliche Zielsetzungen und eine entsprechende Arbeitsqualität erreichen.

Die Trassenbreite soll die Breite des Fahrzeuges um ca. 2 m übersteigen, um eine entsprechende Arbeitsfreiheit des Kranes zu ermöglichen. Das Arbeitsfeld und damit der Abstand der Arbeitsgassen orientiert sich an der Kranarmlänge des im Einsatz befindlichen Harvesters. Die Entastung der gefällten Bäume soll in der Fahrgasse erfolgen, um einen möglichst hohen Boden- und Wurzelschutz zu erreichen.

Hubschrauberbringung

Eine Hubschrauberbringung ist nur bei sehr wertvollen Hölzern in sehr schwierig bringbaren Lagen bei kurzer Flugzeit rentabel. Der Hubschrauber wird auch sehr häufig in der Schutzwaldsanierung, nach Katastrophen sowie bei der Wildbach- und Lawinenverbauung in schwierigem Gelände eingesetzt.

9.5.2 Lagerung

Ein gut erschlossener Wald mit gut ausgebauten Forstwegen erspart eine längere Lagerung des Holzes, da nahezu jederzeit abgeführt werden kann. Die Lagerung im Wald kann bei ungünstiger Witterung zu Holzbeeinträchtigungen führen, wie z. B. Rissbildung, Bläue und Insektenbefall.

Lagerschäden im Sägewerk sind durch sachgemäße Lagerung, Vorentrindung und durch Schutzvorkehrungen immer geringer als im Wald. Wenn technisch möglich soll Holz auf Unterlagshölzern und für die Kranverladung durch den Lkw erreichbar gelagert werden.

Eine rasche Holzabfuhr ist auch betriebswirtschaftlich sinnvoll, da das abgefrachtete und verkaufte Holz Zinsen trägt, während im Wald gelagertes und noch nicht bezahltes Holz zinsenloses Kapital darstellt.

Ist eine **Lagerung notwendig**, sollte Folgendes beachtet werden:

- Holz sollte nicht auf dem Waldboden liegend, sondern auf Unterlagshölzern gelagert werden.
- Keine Lagerung über Bächen, über Wildbächen ist eine Lagerung verboten.
- Die einzelnen Holzsortimente getrennt in Kranreichweite (ca. 7 m) lagern.
- Lagerplätze sollen genügend groß, trocken und luftig sein.

Holzabfuhr per Lkw

- Bei der Holzlagerung an der Forststraße dürfen der Wasserabfluss und die Befahrbarkeit nicht beeinträchtigt sein.
- Holzlagerplätze vor unbefugtem Betreten absichern und Holz so lagern, dass es nicht abrollen kann.

9.5.3 Holzabfuhr

Die Holzabfuhr erfolgt ausschließlich mit Lastkraftwagen aller Größen und Stärken und nur ausnahmsweise bei nahegelegenen Sägewerken noch mit Traktor und Krananhänger. Kleinmengen sollen in Fuhrgrößen, sortimentsweise getrennt, vorgeführt werden.

Für einen **reibungslosen Holztransport** ist notwendig:

- Forstwege mit genügender Breite und fester Fahrbahn sowie ausreichenden Kurvenradien
- Umdrehplätze mit ausreichender Größe bei Sackgassen
- Lkw mit Allradantrieb, Differenzialsperre für steilere Wege
- Verladekräne mit hydraulischem Greifer

Bei der Holzabfuhr ist vom Frächter ein Lieferschein dem Verkäufer des Rundholzes auszustellen. Dieser Lieferschein kann auch digital an den Verkäufer übermittelt werden.

FRAGEN ZUM KAPITEL

1. Skizzieren Sie die richtige Fällung von Vor-, Rück- und Seithängern!
2. Welche Schnitttechnik ist bei starken Vorhängern zu wählen und wie wird diese durchgeführt?
3. Welche Entastungsmethoden mit der Motorsäge kennen Sie und welche würden Sie bei der Entastung von starken Ästen wählen?
4. Beschreiben Sie den Arbeitsablauf bei der Fällung von Bäumen! Worauf ist zu achten?
5. Welche Fällmethoden im Schwachholz kennen Sie und wann würden Sie diese einsetzen?
6. Welche Grundausrüstung sollen Schlepper für die Waldarbeit aufweisen?
7. Beschreiben Sie die Vor- und Nachteile der Sortiments-, Stamm- und Vollbaumverfahren bei der Holzernte.
8. Welche Vor- und Nachteile haben mobile Seilgeräte bei der Holzernte?
9. Wo dürfen Sie sich beim seitlichen Zuzug beim Einsatz von Seilwinden nie aufhalten?

10. VERMARKTUNG DES HOLZES

Der Geldertrag des Waldes hängt neben Art, Qualität und Menge des geernteten Holzes sehr maßgeblich vom erzielten Verkaufspreis ab. Dieser wird dann zufriedenstellend sein, wenn die Produktion marktgerechter Sortimente erfolgt und der Verkauf entsprechend vorbereitet und durchgeführt wird. Zu einem höheren Holzpreis kann auch der gemeinschaftliche Holzverkauf (z. B. Waldwirtschaftsgemeinschaft) beitragen.

10.1 SORTIERUNG

Die Holzsortimente und ihre Sortierung sind durch Übereinkommen zwischen den Vertretern der Forstwirtschaft und der Holzwirtschaft geregelt und in den Österreichischen Holzhandelsusancen der Wiener Börsenkammer und in den Ö-Normen L 1021 und ENV 1927-1 festgelegt.

Diese Übereinkommen gelten als Handelsbrauch und werden immer zugrunde gelegt, wenn nicht ausdrücklich eine andere schriftliche Vereinbarung getroffen wurde.

10.1.1 Ausformung

Grundsätzlich ist das Holz so auszuformen, dass möglichst viel Nutzholz und möglichst wenig Energieholz anfallen. Die fachgerechte Ausformung und Sortierung sowie entsprechendes Geschick und Wissen beim Holzverkauf entscheiden über den wirtschaftlichen Erfolg der Holzernte.

> Zuerst die Marktlage beobachten und dann marktgerecht ausformen.

Damit dieser Grundsatz auch praktisch eingehalten werden kann, muss jeder Waldbesitzer schon vor der Schlägerung nach günstigen Absatzmöglichkeiten für sein Holz suchen und dann genau nach den Wünschen des Käufers ausformen.

Beispiele für das **Ausformen**:

- **Vollholzige Stämme** ergeben, lang ausgeformt, ein höheres Messergebnis.
- **Abholzige Stämme** ergeben als kurze Sortimente ein höheres Messergebnis.
- **Gekrümmte Stämme** sollen kürzer ausgeformt werden, dies sichert eine höhere Qualität.

Ausformung bei weichfaulen Stämmen

Zuerst wird der Stamm gesundgeschnitten, das heißt, man schneidet ihn, wenn er am Stockende weichfaul oder hohl ist, zurück, bis er zumindest eine Hartbräune (Braunblochqualität) erreicht hat. Den gesunden Teil der weichfaulen oder hohlen Stücke kann man als Energieholz weitervermarkten.

Beim Ablängen ist das erforderliche Übermaß zu berücksichtigen.

10.1.2 Stärkeklassen

Nach der Stärke wird Nutzholz wie in der folgenden Tabelle benannt:

Stärke-klassen	Mindestdurchmesser in cm (ohne Rinde)
1a	Bis 14
1b	15 bis 19
2a	20 bis 24
2b	25 bis 29
3a	30 bis 34
3b	35 bis 39
4	40 bis 49
5	50 bis 59
6	60 und darüber

10.1.3 Sortimente

Je nach Verwendungsmöglichkeit gibt es die verschiedensten Sortimente. Die Längen verstehen sich ohne Übermaß, die Dimension ohne Rinde. Die wichtigsten sind:

- **Schäl- und Furnierholz** (ab 2 m Länge, von 10 zu 10 cm steigend; bei Schälholz ab 30 cm, bei Furnierholz ab 40 cm Mittendurchmesser)
- **Sägerundholz**
  - **Wertholz** (ab 4 m aufwärts, von 50 zu 50 cm steigend, von 30 cm Zopfdurchmesser aufwärts)

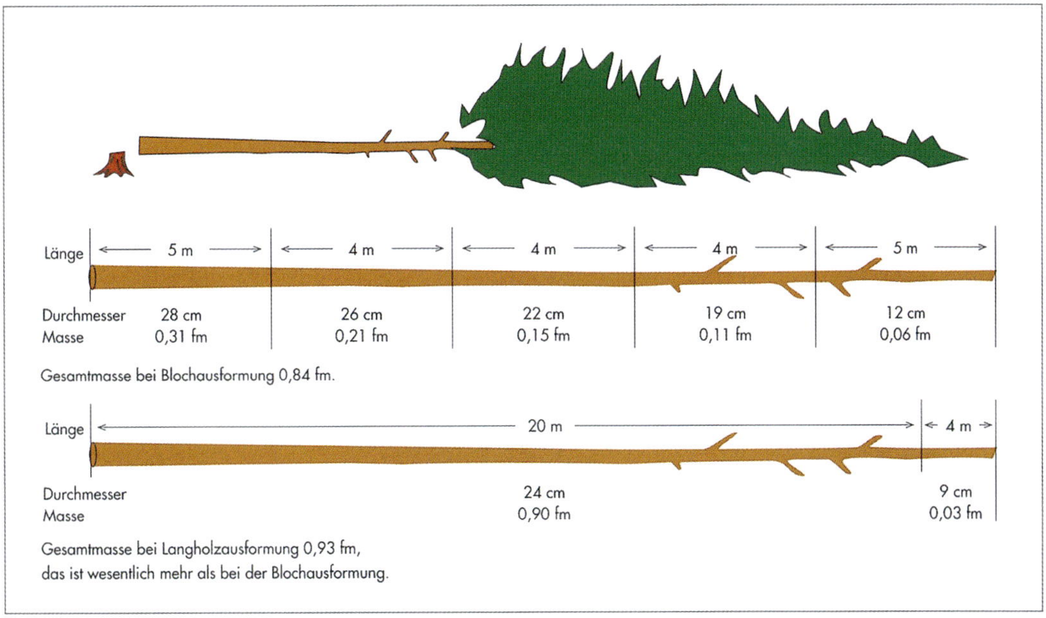

Holzausformung bei vollholzigen Stämmen – lang und Bloch

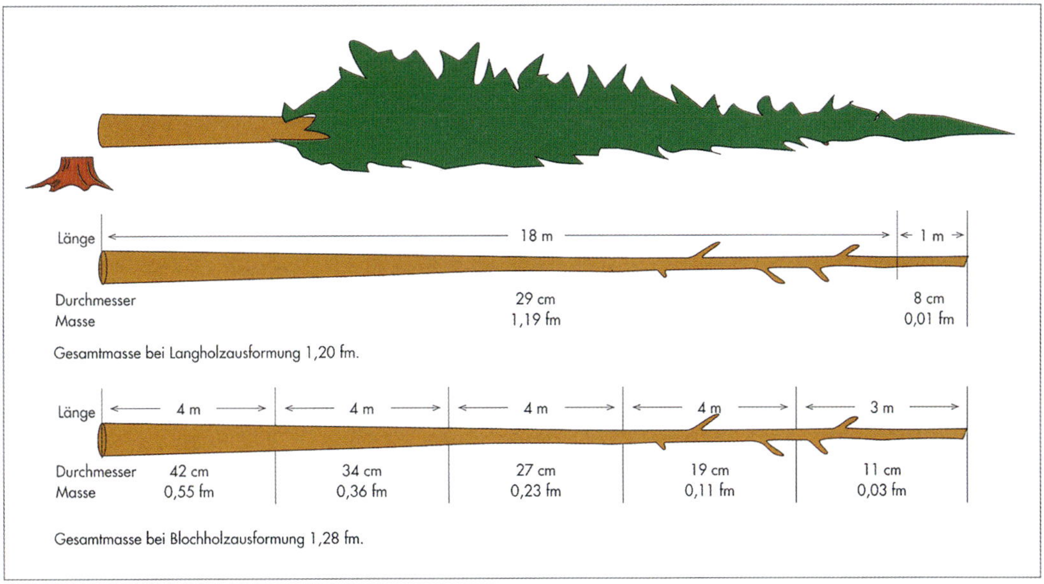

Holzausformung bei abholzigen Stämmen – lang und Bloch

- **Langholz** (über 10 m Länge, in vollen Meterlängen; ab 14 cm Zopfdurchmesser)
- **Doppelbloche** (von 6 bis 10 m Länge, in vollen Meterlängen; ab 17 cm Zopfdurchmesser aufwärts)
- **Bloche** (4 und 5 m Länge, in vollen Meterlängen, 3-m-Längen und andere Längen sind gesondert zu vereinbaren; ab 20 cm Mittendurchmesser)
- **Schwachbloche** (Längen wie Bloche, jedoch von 12 cm Zopfdurchmesser bis 19 cm Mittendurchmesser)
- **Braunbloche** (4 und 5 m Länge, 3-m-Längen und andere Längen sind gesondert zu

vereinbaren, ab 20 cm Mittendurchmesser aufwärts, die durch Pilze verursachte Verfärbung des Holzes muss nagelfest sein, 3/4 der Sichtfläche darf verfärbt sein)

- **Rundholz für andere Zwecke**
  - **Rammpfähle** (ab einer Länge von 10 m, von 50 zu 50 cm steigend; ab 25 cm Zopfdurchmesser steigend)
  - **Starkmaste** (von 9 bis 14 m Länge, in vollen Meterlängen; von 17 bis 24 cm Zopfdurchmesser)
  - **Maste** (7 und 8 m aufwärts lang, in vollen Meterlängen; von 13 bis 18 cm Zopfdurchmesser); Waldstangen (ab 4 m Länge, in vollen Meterlängen, ein geringer Anteil von 3 m mitgehend; von 7 cm Zopfdurchmesser bis 19 cm Mittendurchmesser)
  - **Betonstützen** (von 2,50 m bis einschließlich 5 m Länge; ab 6 cm Zopfdurchmesser)
- **Industrieholz**
  Rohholz unterschiedlicher Holzart und Qualität, das in der Papier- und Zellstoffindustrie sowie Plattenindustrie Verwendung findet.
  - **Schleifholz IS** (nur Fichte und Tanne, frisch [max. Trockengehalt 55 %], gesund, keine Zwiesel, kein Bruchholz, auf 1 m praktisch gerade, Länge 2–6 m, Mindestzopf 8 cm in Rinde, in vollen Meterlängen abgelängt)
  - **Faserholz IF** ist in jeder Baumart lieferbar. Nadel- und Laubholz muss getrennt geliefert werden, Faserholz muss gesund, darf aber trocken geliefert werden. Verblauung zulässig. Fallende Längen von 1–6 m.
  - **Sekundaholz I2** ist Industrieholz wie Faserholz, Rotstreifigkeit und Hartbräune sind aber zugelassen.
  - **Manipulationsholz IM:** Holz unterschiedlicher Dimension und Qualität, das mit herkömmlichen Förder-, Entrindungs- und Hackanlagen nicht transportiert werden kann.
  - **Plattenholz IP** ist ein Mischsortiment aus Faser-, Sekunda-, Dünn- und Manipulationsholz, von 4 cm Zopf aufwärts, fallende Länge von 1–6 m
  - **Energieholz** ist Holz für energetische Zwecke. Man unterscheidet Brennholz hart (z. B. Buche, Eiche, Esche, Ahorn ...), Brennholz weich (z. B. Fichte, Tanne, Kiefer, Lärche ...) und Holz zur Hackguterzeugung.
  - Weitere Sortimente sind **Schwellenrundholz** und **Grubenholz**.

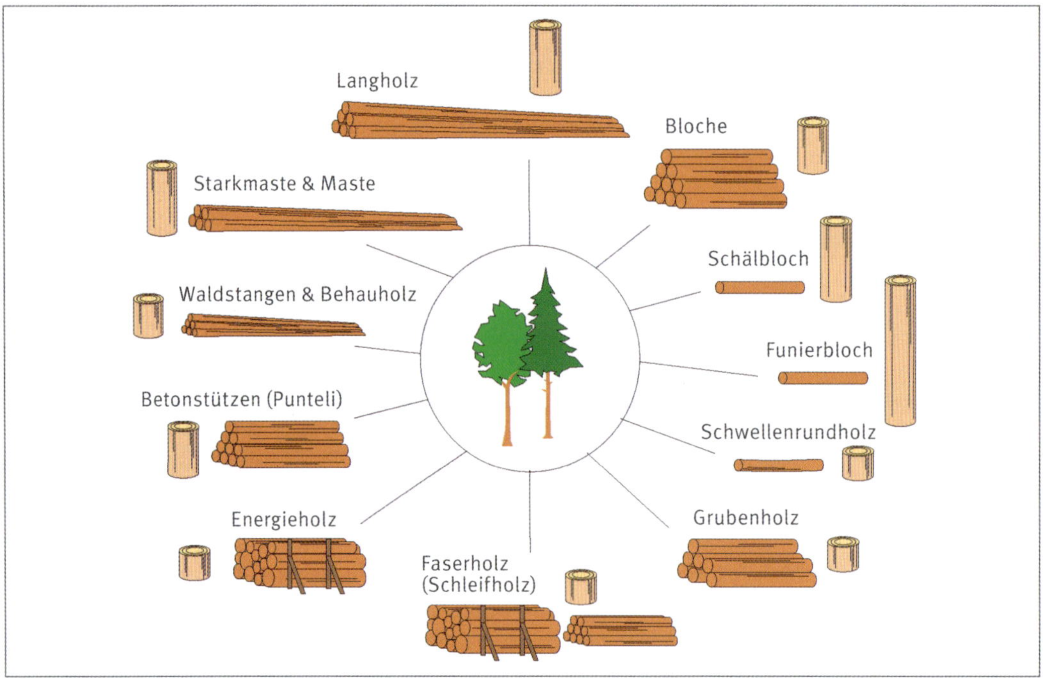

Die Sortimente der österreichischen Holzernte und deren relativer Wert pro Festmeter

Beschreibung von Holzfehlern

Holz ist ein natürlicher Rohstoff, dessen Aufbau und Verwendbarkeit durch das Auftreten von Holzfehlern stark beeinflusst wird.

Abholzigkeit: Wenn der Durchmesser je Laufmeter um mehr als 1 cm abfällt, spricht man von Abholzigkeit.

Festverwachsene Äste werden vom Baum noch miternährt. Sie sind mit dem umgebenden Holz fest verwachsen.

Nicht festverwachsene Äste sind abgestorbene Äste. Man erkennt sie an einem deutlich dunklen Ring an der Grenze zum Holz des Stammes. Sie können beim Trocknen des Schichtholzes herausfallen.

Krümmung: Die Messung erfolgt mit einem Maßband, welches entlang des Stammes an der Stelle der stärksten Krümmung gespannt wird. Man misst an dieser Stelle den Abstand zwischen Maßband und Stamm (Pfeilhöhe). Die erlaubte Pfeilhöhe je Güteklasse wird in Prozent des Mittendurchmessers angegeben. Der Wurzelanlauf bleibt bei der Messung unberücksichtigt.

Buchs: Wird auch echiges oder Druckholz genannt. Buchs ist eine verfärbte Verdichtung der Jahrringe als Reaktion auf Zug und Druck und wird in Prozent des Durchmessers der Sichtfläche angegeben.

Ringschäle: Dies ist ein Riss entlang eines Jahrringes, häufig bei einem plötzlichen Wechsel der Jahrringbreiten, und wird in Prozent des Durchmessers der Sichtfläche angegeben.

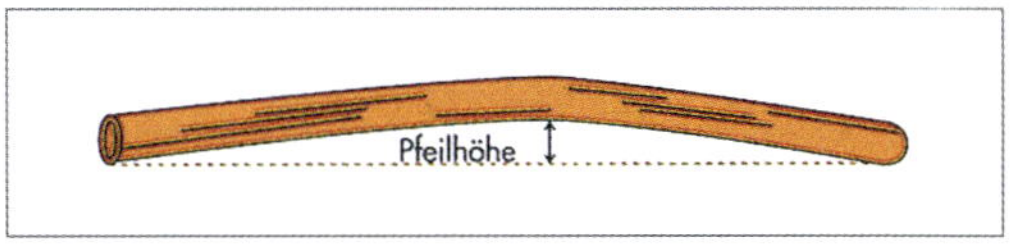

Messung der Krümmung

Krummes Holz

Nicht festverwachsene Äste

Festverwachsene Äste

Buchs

Ringschäle

Drehwuchs

Drehwuchs: Dies ist ein schraubenartiger Verlauf der Holzfasern um die Stammachse und wird in Zentimetern/Laufmeter angegeben.

Unerwünschte Verfärbungen: Werden durch Pilze verursacht; z. B. Rotstreifigkeit, Braun- und Rotfäule, Bläue, Strahlenkern

Insektenbefall: Der bedeutendste Schädling ist der Nadelnutzholzbohrer. Er befällt geschläger-

Spritz- und Strahlenkern

Rotstreifigkeit und Bläue

Harzgalle

Chinesenbart

tes frisches Holz. Seine im Splint angelegten Mutter- und Larvengänge führen zur Entwertung des Holzes. Erkennung durch weiße Bohrmehlhäufchen auf der Rinde.

Harzgallen: Sind Harzeinlagerungen zwischen den Jahrringen.

Chinesenbärte und **Rosen** zeigen eingewachsene Äste, oft Fauläste im Inneren von Laubhölzern an.

10.1.4 Güteklassen

Wesentlich für die Eignung des Holzes hinsichtlich seiner verschiedenen Verwendungszwecke ist seine Güte, die sich auch bei der Bezahlung sehr wesentlich auswirkt.

Beim **Nadelrundholz** für den Sägeverschnitt werden z. B. folgende Güteklassen unterschieden:

- **Sägerundholz der Güteklasse A (Wertholz)**
  Rundholz von überdurchschnittlicher Qualität, meist astfrei, Erdstämme mit nur kleinen, eine hochwertige Verwendung nicht beeinträchtigenden Mängeln (kein Drehwuchs, buchs- und beulenfrei, vollholzig. Jahrringbreite im Durchschnitt unter 4 mm.

- **Sägerundholz der Güteklasse B**
  Rundholz mittlerer bis überdurchschnittlicher Qualität, ohne Ansprüche auf mängelfreies Holz, das aber wegen einer gewissen Abholzigkeit, Astigkeit, Drehwüchsigkeit usw. nicht mehr in die Güteklasse A fällt. Krümmung: unter 15 % Pfeilhöhe des Mittendurchmessers zulässig. Buchs: bis 10 % des Durchmessers der Sichtfläche. Viele Holzfehler sind je nach Dimension des Holzes gestaffelt. Jahrringbreite durchschnittlich max. 7 mm.

- **Sägerundholz der Güteklasse C**
  Rundholz mittlerer bis unterdurchschnittlicher Qualität. Gütemerkmale, welche die natürlichen Holzeigenschaften des Holzes nicht beeinträchtigen, sind zulässig. Zulässige Holzfehler sind abhängig von der Dimension des Holzes. Krümmung bis 20 %. Buchs bis 40 % zulässig.

- **Sägerundholz der Güteklasse Cx (D)**
  Rundholz minderer Qualität, das noch für den Sägeverschnitt geeignet ist und Merkmale aufweist, die in der Güteklasse C nicht mehr zulässig sind. Grobastige und abholzige Stämme (Almholz). Krümmung bis 32 %.

- **Braunbloche**
  Die Beschaffenheit der Mantelfläche muss wie B sein, die jedoch nagelfest Braun- oder Weißfäule aufweisen. Die Hartbräune ist auf 75 % des Durchmessers der Stirnfläche begrenzt. Unbedeutende Weichfaulstellen im Bereich des Wurzelanlaufes werden toleriert.

Beim **Laubholz** für den Sägeverschnitt ist die Ausformung ungleich schwieriger als beim Nadelsägerundholz, da beim Laubholz sehr unterschiedliche Qualitäten festzustellen sind. Daher gibt es für viele Laubholzarten gesondert beschriebene Güteklassen.

Die genaue Beschreibung der verschiedenen Sortimente ist den „Österreichischen Holzhandelsusancen“ und der „Ö-Norm ENV 1927-1“ zu entnehmen.

10.2 HOLZABMASS

Eine richtige Holzabmaß ist Voraussetzung für eine korrekte Berechnung des Holzerlöses. Die Vermessung wird auf geeichten Geräten im

Sägewerk durchgeführt. Grundlage für die Vorgehensweise bei der elektronischen Werksabmaß sind die ÖNORM L 1021 und das Maß- und Eichgesetz. Die Qualitätssortierung erfolgt zum Teil okular. Der Verkäufer hat das Recht, bei der Holzabmaß und Qualitätsbestimmung anwesend zu sein. Bis zur elektronischen Werksvermessung hat eine getrennte unverwechselbare Lagerung und Kennzeichnung des Holzes zu erfolgen. Abmaßlisten, Einzel- und Summenprotokolle müssen dem Verkäufer binnen 14 Tagen nach Übernahme zugehen.

Die Waldabmaß ist nur beim Verkauf von Kleinmengen zweckmäßig. Ein unparteiischer Vertrauensholzmesser kann über Waldverbände oder Bezirksbauernkammern zugezogen werden.

10.2.1 Maße und Mengenbezeichnungen

Bezeichnung	Kurzbez.	Erklärung
Stk		Stück
Lfm		Laufmeter
m^2 oder qm		Quadratmeter
m^3 oder cbm		Kubikmeter
fm	F	Festmeter = 1 m^3 feste Holzmasse
rm	R	Raummeter = 1 m^3 Schichtholz mit Zwischenräumen
Srm		Schüttraummeter
atro		Absolutes Trockengewicht des Holzes
lutro		Gewicht des Holzes in luftgetrocknetem Zustand
Zustand:		
m. R.	M	Holz mit Rinde
o. R.	O	Holz ohne Rinde
Verrechnungsbasis:		
m. R.	M	Mit Rinde
o. R.	O	Ohne Rinde

Für die einzelnen Holzsortimente werden verschiedene Maße verwendet (z. B. angegeben Maste in Stück, Stangen, Betonstützen in lfm, Bloche in fm, Schichtholz in rm, Hackschnitzel und ofenfertiges Stückholz in Srm, Lang-Schleifholz in kg atro).

Beispiele für **Kurzbezeichnungen**:
- **FMM** = Festmeter mit Rinde geliefert, mit Rinde gemessen
- **FMO** = Festmeter mit Rinde geliefert, ohne Rinde gemessen
- **FOO** = Festmeter ohne Rinde geliefert, gemessen und verrechnet
- **RMM** = Raummeter mit Rinde, Volumen inkl. der Rinde
- **ROO** = Raummeter ohne Rinde geliefert
- **AMO** = atro-Tonne mit Rinde geliefert, Volumen inkl. der Rinde

10.2.2 Längenmessung

Die Messung der Länge (l) erfolgt beim geschlägerten Holz bereits bei der Ausformung (Maßband). Bei der Holzabmaß wird die Länge der ausgeformten Stämme lediglich überprüft.

Folgendes ist zu beachten:

- **Übermaß** wird **am Zopf** zugegeben und nicht gemessen (z. B. bei Nadelholz für Sägeverschnitt 1 % der Länge, mindestens 6 cm und höchstens 20 cm).
- **Länge** wird **ab Mitte** des Fallkerbdaches oder Spranzes gemessen.
- Bei **schrägen Einschnitten** wird die kürzeste verwertbare Länge gemessen.

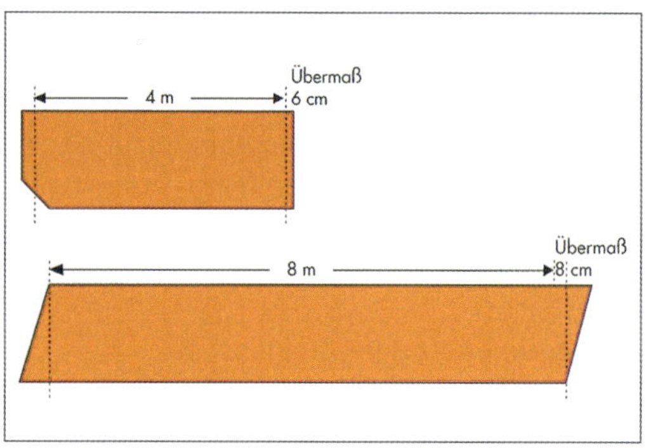

Beispiel für Übermaß

10.2.3 Stärkemessung

Für die Stärkemessung des Holzes dient die Messzange (Kluppe). Vor jeder Abmaß ist zu prüfen, ob die Messzange folgenden Anforderungen gerecht wird:

- **Prüfstempel des Eichamtes** darf nicht älter als fünf Jahre sein.
- Die **Schenkel** müssen in jeder Lage parallel zueinander sein und die gleiche Seriennummer aufweisen.
- Die **Messschiene** muss gerade sein und an ihrem Ende einen Nietkopf haben.
- Der **Nullpunkt** muss mit dem festen Schenkel übereinstimmen.
- Die **Zentimetereinteilung** muss gut lesbar sein.
- Der **bewegliche Schenkel** muss gut gleiten, darf aber nicht locker sein.

Bei der händischen Messung der Holzstärke (d) ist Folgendes zu beachten:

- **Messung des Durchmessers** ab der halben Nennlänge, vom stärkeren Ende gemessen.
- Messung des Durchmessers erfolgt **ohne Rinde**. Bei Holz in Rinde ist die Rinde an der Messstelle zu entfernen oder ein Abschlag zu vereinbaren.
- **Bis 19 cm Durchmesser** wird einmal so gemessen, wie der Stamm liegt.
- **Von 20 cm Durchmesser aufwärts** ist das abgerundete Mittel aus zwei Messungen zu nehmen, die zueinander senkrecht stehen. Möglichst den größten und kleinsten Durchmesser messen.
- Die Messung wird immer **auf ganze Zentimeter abgerundet** und ist so auszurufen.
- Die **Kluppe** soll bei der Messung mit beiden Schenkeln und der Messschiene am Holz anliegen.
- Fällt die Messstelle auf einen **Astquirl** oder eine sonstige Unregelmäßigkeit, so erfolgt die Errechnung des Durchmessers aus dem Mittel je zweier Messungen gleich weit oberhalb und unterhalb der Längenmitte.
- Bei **unregelmäßigen** oder **sehr abholzigen** Hölzern kann der Durchmesser in Teilstücken (sektionsweise) gemessen werden.

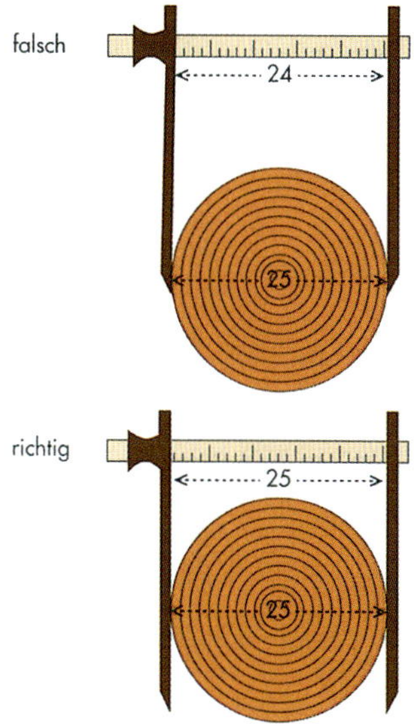

Messung mit der Holzmesszange

Nach der Messung ist jedes Stück zu kennzeichnen. Dazu eignet sich am besten ein Reißer, mit dem man eine „Feder“ ziehen kann, die weithin sichtbar ist. In manchen Fällen wird das Holz mit Farbe markiert, auch nummeriert, oder es werden Stärke und Länge auf die Stirnseite geschrieben.

Jedes gemessene Stück ist deutlich zu kennzeichnen.

10.2.4 Messung von Schichtholz

Schichtholz wird nach Länge, Höhe und Breite des aufgeschichteten Holzstoßes gemessen.

Länge (l) und Höhe (h) eines Schichtholzzaunes müssen senkrecht aufeinander gemessen werden. Die Breite (b) des Zaines entspricht der Scheiterlänge (meist 1 m).

Beim Aufstellen von Schichtholz sind größere Zwischenräume zu vermeiden. Es ist ein Übermaß von 5 % der Höhe zu geben, das heißt, ein 1 m hoher Stoß muss tatsächlich 105 cm hoch sein. Bei Kreuzstößen sind 15 % Maßabzug zu berücksichtigen.

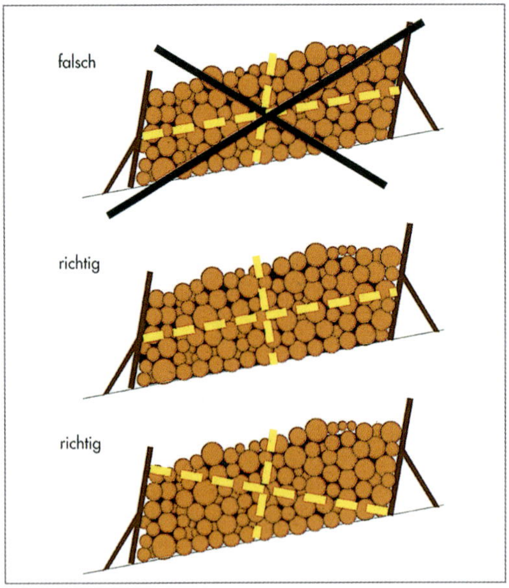

Messung von Schichtholz

10.2.5 Aufschreibung

Das Mitschreiben der Holzabmaß kann auf verschiedene Weise erfolgen. Welche Art der Aufschreibung gewählt wird, hängt von der Holzmenge ab, aber auch von der Übung der Beteiligten.

Folgende Methoden sind üblich:

- **Nummernweises Aufschreiben**
  Jedes Stück wird nummeriert und einzeln in einer Liste eingetragen (Holzart, Güteklasse, Länge und Durchmesser).
- **Punktieren**
  Auf einer vorgegebenen Abmaßliste wird jedes Stück nach seinen Eigenschaften „eingepunktet“, z. B.

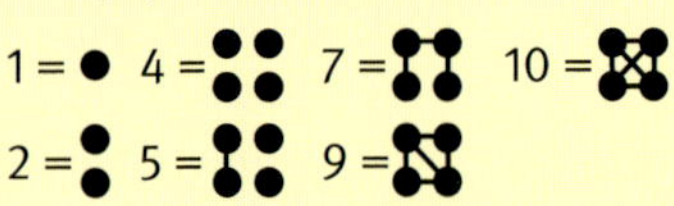

- **EDV-unterstützte Aufschreibung**
  Diese Methode ist in Großbetrieben oder beim gemeinschaftlichen Holzverkauf über Waldverbände anzutreffen.

Bei der Abmaß soll der Holzmesser laut und deutlich Holzart, Güteklasse, Länge und Durchmesser ausrufen. Diese Daten und die laufende Nummer bzw. beim Punktieren die Stückzahl beim jeweiligen Durchmesser sind vom Käufer zu wiederholen. Dann erst soll der Verkäufer die Angabe wiederholen und damit als Letzter das Messergebnis bestätigen. Wenn dieser Vorgang konsequent eingehalten wird, können Irrtümer sofort geklärt werden.

10.2.6 Massenberechnung

Die Berechnung der Erntemasse des geschlägerten Holzes kann auf verschiedene Weise erfolgen:

- **Massenberechnung einzelner Holzstücke**
  Die Masse lässt sich nach der Walzenformel v(fm) = r2 (m) x Pi x l(m) bzw. v(fm) = (d2 (m) : 4) x ?Pi x l(m) berechnen.
- **Massenberechnung bei nummernweiser Aufschreibung**
  Der Inhalt der einzelnen Stücke wird einer Rundholztabelle entnommen und in die zutreffende Spalte der Abmaßliste eingetragen. Dadurch kann man den Festmetergehalt für jede Güte- und Stärkeklasse sofort ermitteln.
- **Massenberechnung bei Punktierung**
  Die Berechnung erfolgt in der Abmaßliste für sämtliche Stücke einer Durchmesserstufe, wobei die Massenangabe ebenfalls aus einer Rundholztabelle zu entnehmen ist.
- **Massenberechnung bei Schichtholz**
  Der Rauminhalt wird nach folgender Formel berechnet: V(rm) = l(m) x h(m) x b(m)

Beispiel einer Rundholz-Tabelle
Die Tabelle enthält die Holzmassen in Festmetern (fm) für einzelne Rundhölzer von 3 bis 6 m Länge und von 6 bis 100 cm Mittendurchmesser ohne Rinde. Die Holzmasse eines Rundholzes findet man in der waagrechten Zeile des betreffenden Durchmessers, senkrecht unter der betreffenden Länge. Ein Bloch von 4 m Länge und 28 cm Mittenstärke hat z. B. 0,246 fm. Längere Stücke werden zusammengesetzt. Ein Mast von 9 m Länge und 21 cm Mittenstärke wird z. B. aus einem 6 m und einem 3 m langen Stück zusammengesetzt (0,208 und 0,104 sind gleich 0,312 fm) oder aus einem 5 m und einem 4 m langen Stück (0,173 und 0,139–0,312 fm). (Tabelle siehe nächste Seite)

10.2.7 Gewichtsberechnung

Bei Langschleifholz ist die Gewichtsberechnung üblich. Hierzu wird im Verarbeitungsbetrieb das absolute Trockengewicht (atro) der Holzladung ermittelt. Zwischen der Forstwirtschaft und der Industrie wurden z. B. folgende Umrechnungszahlen für FMO festgelegt:

- 1 fm Fi/Ta in Rinde = 475 kg atro
- 1 fm Fi/Ta ohne Rinde = 427 kg atro
- 1 fm RBu in Rinde = 650 kg atro

Die Tabelle enthält die Holzmassen in Festmetern (fm) für einzelne Rundhölzer von 3 bis 6 m Länge und von 6 bis 100 cm Mittendurchmesser ohne Rinde. Die Holzmasse eines Rundholzes findet man in der waagrechten Zeile des betreffenden Durchmessers, senkrecht unter der betreffenden Länge. Z. B. ein Bloch von 4 m Länge und 28 cm Mittenstärke hat 0,246 fm. Längere Stücke werden zusammengesetzt. Z. B. ein Mast von 9 m Länge und 21 cm Mittenstärke wird aus einem 6 m und einem 3 m langen Stück zusammengesetzt (0,208 und 0,104 sind gleich 0,312 fm) oder aus einem 5 m und einem 4 m langen Stück (0,173 und 0,139 - 0,312 fm).

D	Länge in Metern						D	Länge in Metern						
cm	3	3,5	4	4,5	5	5,5	6	cm	3	3,5	4	4,5	5	5,5	6
6	0,008	0,010	0,011	0,013	0,014	0,016	0,017	56	0,739	0,862	0 985	1,108	1,232	1,355	1,478
7	0,012	0,014	0,015	0,017	0,019	0,021	0,025	57	0,766	0,894	1,021	1,149	1,276	1,404	1,531
8	0,015	0,018	0,020	0,023	0,025	0,028	0,030	58	0,793	0,925	1,057	1,189	1,321	1,453	1,585
9	0,019	0,022	0,025	0,029	0,032	0,035	0,038	59	0,820	0,957	1,094	1,231	1,367	1,504	1,640
10	0,024	0,028	0,031	0,035	0,039	0,043	0,047	60	0,848	0,990	1,131	1,273	1,414	1,555	1,696
11	0,029	0,033	0,038	0,043	0,048	0,052	0,057	61	0,877	1,023	1,169	1,315	1,461	1,607	1,753
12	0,034	0,040	0,045	0,051	0,057	0,072	0,068	62	0,906	1,057	1,208	1,359	1,510	1,661	1,811
13	0,040	0,047	0,053	0,060	0,066	0,073	0,080	63	0,935	1,091	1,247	1,403	1,569	1,715	1,870
14	0,046	0,054	0,062	0,069	0,077	0,085	0,092	64	0,965	1,126	1,287	1,448	1,608	1,769	1,930
15	0,053	0,062	0,071	0,080	0,088	0,097	0,106	65	0,995	1,161	1,327	1,493	1,659	1,825	1,991
16	0,060	0,070	0,080	0,091	0,101	0,111	0,121	66	1,026	1,197	1,368	1,539	1,711	1,882	2,053
17	0,068	0,079	0,091	0,102	0,113	0,125	0,136	67	1,058	1,234	1,410	1,587	1,763	1,939	2,115
18	0,076	0,089	0,102	0,115	0,127	0,140	0,153	68	1,090	1,272	1,453	1,635	1,816	1,998	2,179
19	0,085	0,099	0,113	0,128	0,142	0,156	0,170	69	1,122	1,309	1,496	1,683	1,870	2,057	2,244
20	0,094	0,110	0,126	0,141	0,157	0,173	0,188	70	1,155	1,347	1,539	1,732	1,924	2,117	2,309
21	0,104	0,121	0,139	0,156	0,173	0,191	0,208	71	1,188	1,386	1,584	1,782	1,980	2,178	2,376
22	0,114	0,133	0,152	0,171	0,190	0,209	0,228	72	1,221	1,425	1,629	1,833	2,036	2,240	2,443
23	0,125	0,145	0,166	0,187	0,208	0,229	0,249	73	1,256	1,465	1,674	1,884	2,093	2,302	2,511
24	0,136	0,158	0,181	0,204	0,226	0,249	0,271	74	1,290	1,505	1,720	1,935	2,150	2,365	2,581
25	0 147	0,172	0,196	0,221	0,245	0,270	0,295	75	1,325	1,546	1,767	1,988	2,209	2,430	2,651
26	0,159	0,186	0,212	0,239	0,265	0,292	0,319	76	1,361	1,588	1,815	2,042	2,268	2,495	2,722
27	0,172	0,200	0,229	0,258	0,286	0,315	0,344	77	1,397	1,630	1,863	2,076	2,328	2~561	2,794
28	0,185	0,216	0,246	0,277	0,308	0,339	0,369	78	1,434	1,673	1,911	2,150	2,389	2,628	2,867
29	0,198	0,231	0,264	0,297	0,330	0,363	0,396	79	1,471	1,716	1,961	2,206	2,451	2,696	2,941
30	0,212	0,247	0,283	0,318	0,353	0,389	0,424	80	1,500	1,760	2,011	2,262	2,513	2,765	3,016
31	0,226	0,264	0,302	0,340	0,377	0,415	0,453	81	1,546	1,804	2,061	2,319	2,576	2,834	3,091
32	0,241	0,282	0,322	0,362	0,402	0,442	0,483	82	1,584	1,848	2,112	2,377	2,664	2,905	3,169
33	0,257	0,299	0,342	0,385	0,428	0,470	0,513	83	1,623	1,894	2,164	2,435	2,705	2,976	3,246
34	0,272	0,318	0,363	0,409	0,454	0,499	0,545	84	1,663	1,940	2,217	2,494	2,771	3,048	3,325
35	0,289	0,337	0,385	0,433	0,481	0,529	0,577	85	1,702	1,986	2,270	2,554	2,837	3,121	3,404
36	0,305	0,356	0,407	0,458	0,509	0,560	0,611	86	1,745	2,034	2,324	2,614	2,904	3,195	3,486
37	0,323	0,376	0,430	0,484	0,538	0,591	0,645	87	1,783	2,081	2,378	2,675	2,972	3,269	3,566
38	0,340	0.397	0,454	0,510	0,567	0,624	0,680	88	1,825	2,129	2,433	2,737	3,041	3,345	3,649
39	0,358	0,418	0,478	0,538	0,597	0,657	0,717	89	1,866	2,177	2 ,488	2,800	3,111	3,422	3,733
40	0,377	0,440	0,505	0,566	0,628	0,691	0,754	90	1,909	2,227	2,545	2,863	3,181	3,499	3,817
41	0,396	0,462	0,528	0,594	0,660	0,726	0,792	91	1,950	2,275	2,600	2,925	3,250	3,575	3,900
42	0,416	0,485	0,554	0,623	0,693	0,762	0,831	92	1,995	2,328	2,660	2,993	3,325	3,658	3,990
43	0,436	0,508	0,581	0,654	0,726	0,799	0,871	93	2,037	2,377	2,716	3,056	3,395	3,735	4,074
44	0,456	0,537	0,608	0,684	0,760	0,836	0,912	94	2,084	2,429	2,776	3,123	3,470	3,817	4,164
45	0,477	0,557	0,636	0,716	0,795	0,875	0,954	95	2,127	2,482	2,836	3,191	3,545	3,900	4,254
46	0,499	0,582	0,665	0,745	0,831	0,914	0,997	96	2,172	2,534	2,896	3,258	3,620	3,982	4,344
47	0,520	0,607	0,694	0,781	0,867	0,954	1,047	97	2,217	2,587	2,956	3,326	3,695	4,065	4,434
48	0,543	0,633	0,724	0,814	0,905	0,996	1,092	98	2,262	2,639	3,016	3,393	3,770	4,147	4,542
49	0,566	0,660	0,754	0,849	0,943	1,037	1,131	99	2,310	2,695	3,080	3,465	3,850	4,235	4,620
50	0,589	0,687	0,785	0,884	0,982	1,080	1,178	100	2,355	2,748	3,140	3,533	3,925	4,318	4,710
51	0,613	0,715	0,817	0,919	1,021	1,123	1,226								
52	0 657	0,743	0,849	0,955	1,062	1,168	1,274								
53	0,662	0,774	0,882	0,993	1,103	1,214	1,324								
54	0,687	0,802	0,916	1,031	1,145	1,260	1,374								
55	0,731	0,832	0,950	1,069	1,188	1,307	1,425								

10.3 HOLZVERKAUF

Die Mühe von Waldbesitzergenerationen findet erst durch den Holzverkauf ihren Lohn. Der früher verbreitete Überhappsverkauf war ein sträflicher Leichtsinn und ließ eine geringe Wertschätzung des Waldbesitzers gegenüber seinem Wald erkennen. Heute ist diese Verkaufsart außer bei Brennholz gesetzlich verboten.

> Holz sollte nur schriftlich, vor der Nutzung des Holzes in Form eines Schlussbriefes (Verkaufsvertrag) mit marktgerechten Preisen, die der sortierten Ware entsprechen, verkauft werden.

Große, gute sortierte Holzmengen sind immer preislich besser zu verkaufen als kleine, schlecht sortierte Partien. Ebenso bringt der Holzverkauf frei Waggon oder Fabrikslagerplatz bessere Preisangebote als der Verkauf frei Waldstraße.

10.3.1 Verkaufsarten nach Erfüllungsort

Holz kann **am Stock**, **ab Schlagort** oder **ab Lkw-befahrbarer Straße sowie frei Waggon oder frei Werk** verkauft werden. Hierbei können sowohl Durchschnittspreise als auch getrennte Preise nach Sortiment vereinbart werden. Da der bäuerliche Waldbesitzer in der Regel den Sortimentsanfall nicht genau abschätzen kann, ist für ihn der Abschluss nach Sortimentspreisen im Allgemeinen günstiger.

> Bei Verkauf des Holzes am Stock ist der Abschluss zu Sortimentspreisen vorzuziehen.

Bei Stockverkäufen wird das Holz im Schlag dem Käufer übergeben. Die Schlägerung sowie die Rückung liegt im Verantwortungsbereich des Holzkäufers. Ein Stockverkauf empfiehlt sich, wenn der Waldbesitzer die Ernte des Holzes nicht durchführen kann. Die Werbungskosten (Schlägerungs-, Lieferungs- und Lagerungskosten) sowie die dazugehörenden Soziallasten trägt beim Stockverkauf der Käufer.

Die Höhe der Holzerntekosten ist vom geernteten Baumvolumen und vom Ernteverfahren abhängig.

Der Verkauf von fertigen Sortimenten frei Waldstraße setzt voraus, dass der Waldbesitzer alle Erntearbeiten selbst durchführt oder durchführen lässt.

> Der Verkauf fertiger Sortimente setzt gute Fachkenntnisse voraus und erfordert bei Arbeitsvergabe genügend Geld, um die Holzerntekosten zu zahlen. Wenn die Arbeit vom Waldbesitzer selbst gemacht werden kann, entsprechen die Holzerntekosten dem Arbeitseinkommen. Diese Verkaufsart ermöglicht meist einen Unternehmergewinn und bringt bei Eigenarbeit einen hohen Arbeitsverdienst.

Die einzelnen Sortimente sollen gleich direkt an die Verbraucher verkauft werden, die Bloche an ein Sägewerk, das Schleifholz an eine Papierfabrik usw.

10.3.2 Verkaufsusancen

Holzgeschäfte werden meist unter Berufung auf die von der Wiener Börsenkammer herausgegebenen Österreichischen Holzhandelsusancen (ÖHU) abgeschlossen, die dann verbindlich sind. Die folgenden Punkte sind dabei u. a. festgelegt.

Verbindlichkeit

Das Angebot ist für den Anbotsteller für die Dauer von zehn Tagen, einschließlich Postlauf, verbindlich. Sie verkürzt sich auf sechs Tage bei elektronischer Datenübermittlung oder Telefax.

Bei mündlichen Geschäftsabschlüssen kann jeder Vertragsteil noch acht Tage nach dem Abschluss fordern, dass der Vertrag schriftlich festgelegt wird.

Menge

Die Holzmenge ist beim Verkauf oft nicht genau bekannt. Man verwendet deshalb unbestimmte Ausdrücke oder gibt Grenzen an.

„Zirka“, „rund“, „beiläufig“ heißt, dass die Menge 10 % nach oben und unten abweichen kann. „Von/bis" heißt, dass der Verkäufer nur die Mindestmenge liefern muss, der Käufer jedoch auch die Höchstmenge nehmen muss.

Die Bezeichnung „Waggon" bedeutet das für die jeweilige Waggontype zulässige Ladegewicht. Die Bezeichnung „LKW" bedeutet das für einen Fernlastzug auf den jeweiligen nationalen Transportstraßen zulässige Ladegewicht.

Verkaufsort

„Ab", „franko", „frei", „loco" sind Ausdrücke für den Erfüllungsort des Vertrages.
Frei Waldstraße (Lkw-Straße) heißt, dass der Verkäufer das Holz auf seine Kosten bis zu einer von Lkw befahrbaren Straße bringen muss. Das Holz muss nach Käufer getrennt, verladebereit gesammelt und in der Regel maximal an drei Verladestellen/Lkw bereitgestellt sein.

Lieferungs- und Zahlungstermine

- **Anfang des Monats** = 1. bis 8. Tag
- **1. Hälfte des Monats** = 1. bis einschließlich 15. Tag
- **2. Hälfte des Monats** = 16. bis letzter Tag des Monats
- **Mitte des Monats** = 13. bis einschließlich 20. Tag
- **Ende des Monats** = die letzten acht Tage
- **„Pro Frühjahr"** = 15. März bis 15. Mai
- **„Pro Herbst"** = Im Laufe des Septembers oder Oktobers
- **„Prompt"** = Es muss sofort ohne jede Verzögerung geliefert werden.
- **„Sukzessive"** = Die Ware muss nach und nach möglichst gleichmäßig geliefert werden.
- **„Auf Abruf"** = Der Käufer kann die Ware zu einem beliebigen Termin verlangen.

Zahlungsarten

- **„Zahlung bei Übergabe"** = Sofortige Zahlung bei Übergabe des Holzes und der Rechnung
- **„Prompte Zahlung"** = Zahlung innerhalb von drei Werktagen nach durchgeführter Übergabe

Ist über den Zahlungstermin nichts vereinbart worden, so gilt nach den Wiener Gebräuchen „prompte Zahlung" nach Übergabe.

Sondervereinbarungen sind im gegenseitigen Einvernehmen möglich, sind aber im Schlussbrief festzuhalten. Üblich ist eine Bezahlung des Rundholzes 30 Werktage nach der Holzabmaß.

Schadloshaltung des Verkäufers

Ist der Käufer mit der Zahlung des Kaufpreises im Rückstand und die Ware noch nicht ausgeliefert, so hat der Verkäufer, nachdem er eine angemessene Nachfrist gestellt hat, das Recht, wahlweise

- vom Vertrag abzugehen, als ob derselbe nicht geschlossen worden wäre. Dies muss er dem anderen Teil durch Einschreibebrief mitteilen;
- die Einhaltung des Vertrages und Schadenersatz wegen verspäteter Erfüllung zu verlangen;
- anstatt der Erfüllung des Vertrages die Ware auf Rechnung des Käufers zu verkaufen und den Kaufpreis bis zur Höhe seiner Schadenersatzforderung zu behalten, gegebenenfalls einen weiteren Schadenersatz zu fordern. Man nennt das „Selbsthilfeverkauf".

Ist der Käufer im Zahlungsrückstand, die Ware aber bereits ausgeliefert, so bleibt dem Verkäufer nur die Klage auf Zahlung samt den Verzugszinsen. Man trachtet aber, so lange wie möglich im Guten zum Ziel zu gelangen.

Schadloshaltung des Käufers

Auch dem Käufer steht das Recht einer Schadloshaltung zu, falls der Verkäufer mit der Übergabe der Ware im Rückstand bleibt. Er hat spätestens am 7. auf den Vertragsbruch folgenden Tag eingeschrieben „Protest" zu erheben. Nach Verstreichen einer angemessenen Nachfrist von meist acht bis 14 Tagen kann er wahlweise

- vom Vertrag abgehen, als ob derselbe nicht geschlossen worden wäre;

Fortsetzung auf S. 119.

Muster-Schlussbrief für Sägerundholz

FHP FORST HOLZ PAPIER

Nr.: ____________ **Vertragsbeginn:** ____________ **Vertragsende:** ____________

Der/die VERKÄUFER od. sein/ihr Beauftragter: Name und Anschrift (mit Tel/Fax), UID-Nr.	**KÄUFER oder sein Beauftragter: Name und Anschrift (mit Tel/Fax) UID-Nr.**

Menge	**Holzart**	**Sortiment / Güteklasse**	**Stärke-klasse**	**Länge (m)**	**Übermaß (cm)**	**Preis in EUR je ☐ m³ (FMO) ☐ ....**
Vereinbarte Rückstufungs-/Verschnittlängen						

Die Preise verstehen sich **ohne Umsatzsteuer** und frei Erfüllungsort.
Die Vertragsparteien kommen überein, den branchenüblichen FHP-Kooperationsbeitrag einzubehalten und abzuführen.

Umsatzsteuer	☐ 20 % (Rohholz, regelbesteuerter LW+FW/Handel) ☐ 13 % (Brenn-, Energieholz, regelbesteuerter LW+FW/Handel) ☐ 13 % (pauschalierter LW+FW) ☐ 13 % (Stockverkauf) ☐ 0% USt. (kein LW+FW) ☐ Import ☐ Export
Erfüllungsort	☐ ab Stock ☐ frei Schlagort ☐ frei Waldstraße ☐ frei Bahn-Lagerplatz ☐ waggon-verladen ☐ frei Werk
	Nähere Bezeichnung:
Bereitstellung / Lieferzeit	von (Tag / Monat / Jahr) bis (Tag / Monat / Jahr) lt. Lieferprofil ....
Abtransport / Übergabe	Der Käufer verpflichtet sich, das bereitgestellte Holz nach Bereitstellungsmeldung abzutransportieren. innerhalb von .... Werktagen längstens bis zum
	Straßenbenützungsgebühren sind zu tragen durch den ☐ Käufer ☐ Verkäufer
Vermessung / Übernahme / Protokoll	☐ Die Messanlage ist nach MAWM geeicht (Messanlage zur Ermittlung wertbestimmender Merkmale von Rundholz). ☐ Die Messanlage ist nach RHMA geeicht (Elektronische Rundholzmessanlage). ☐ *Der Verkäufer stimmt zu, dass die Merkmale* ☐ *Zopfdurchmesser* ☐ *Abholzigkeit* ☐ *Krümmung derzeit ungeeicht ermittelt und im Umreihungsprozess verwendet werden. Es liegt eine Betreiberinformation zur Ermittlung dieser wertbestimmenden Merkmale vor.* ☐ Betreiberinformation liegt vor. ☐ ÖNORM L1021 Herstellerbescheinigung liegt vor.
	☐ Handabmaß durch (Name) spätestens Werktage nach formloser Meldung der Holzbereitstellung durch den/die Verkäufer.
	☐ Schriftliches Messanlagenprotokoll ☐ Elektronisches FHP-Protokoll (FHPDATSAEGE)
Besondere Bedingungen bei **Holz in Rinde**	☐ *Rindenabzugstabelle* ☐ Rindenabzugsfunktion Maßabzug ☐ Peintinger ☐ Schönbrunn ☐ in cm ☐ in Prozent der Kreisfläche Teilentrindung liegt vor, wenn ....% der Mantelfläche (Umfang) im Messbereich des Mittendurchmessers im Verhältnis ☐ zum Mittendurchmesser ☐ zum Umfang keine Rinde aufweist.
Zertifizierung	Holz stammt aus ☐ PEFC-zertifiziertem ☐ anders zertifiziertem .... ☐ nicht zertifiziertem Wald.
Zahlung	☐ prompt ☐ innerhalb von ...... Tagen nach Lieferung ☐ nach Rechnungslegung innerhalb von ...... Tagen ☐ am Ende des Liefermonats
	Skonto % ☐ Vorauszahlung in der Höhe von EURO .... bis spätestens ....
	Bei Zahlungsverzug werden Verzugszinsen in Höhe von .... % verrechnet.
	Unwiderrufliche, abstrakte Bankgarantie in der Höhe von EURO .... mit einer Laufzeit bis .... wird vorgelegt.
Bankverbindung des Verkäufers	BIC: IBAN: lautend auf:
Sonstige Bedingungen	

Die auf der Rückseite dieses Formulars festgehaltenen „Allgemeinen Vereinbarungen“ sind Bestandteil dieses Vertrags. Weiters gelten die Österreichischen Holzhandelsusancen in der aktuellen Fassung und das österreichische Recht. *Die von den ÖHU abweichenden Bedingungen sind im Vertrag kursiv dargestellt.* In sämtlichen Streitigkeiten, die aus diesem Vertrag oder aus den in Hinkunft zwischen den Parteien geschlossenen Geschäften entstehen, unterwerfen sich beide Vertragsteile unter Ausschluss des ordentlichen Rechtswegs der Schiedsgerichtsordnung und dem Schiedsgericht der Wiener Warenbörse. Sofern keiner der Vertragsteile Mitglied bei der Wiener Warenbörse ist oder wird, gilt der ordentliche Rechtsweg.

Ort/Datum: ________________, am ________________

Unterschrift des Verkäufers oder seines Beauftragten — Unterschrift des Käufers firmenmäßige Fertigung

Muster-Schlussbrief für Sägerundholz vom 15.10.2019, vereinbart zwischen den Partnerorganisationen der Kooperationsplattform Forst Holz Papier (FHP). 1 Original, 2 Durchschläge.

- die Erfüllung des Vertrages und Schadenersatz wegen verspäteter Erfüllung fordern;
- anstatt der Erfüllung Schadenersatz fordern oder auf eigene Rechnung und Gefahr die Ware anderweitig anschaffen und vom säumigen Verkäufer die Differenz zwischen dem vereinbarten Preis und dem Kaufpreis des „Deckungskaufs" fordern.

Ein Holzgeschäft soll durch eine Bankgarantie des Käufers abgesichert werden. Andere Möglichkeiten der Absicherung sind Akontozahlungen, prompte Zahlung nach Übergabe und ein weniger empfehlenswerter Wechsel.

10.3.3 Holzpreise

Der Holzpreis bildet sich aufgrund von Angebot und Nachfrage.

Vor jedem Holzverkauf sollte man sich über die erzielbaren Preise informieren.

Holzpreise werden in Fachzeitungen (z. B. Kammerzeitschrift, Informationen der Waldverbände und Interessensvertretungen) und Marktberichten veröffentlicht. Dabei handelt es sich um Durchschnittspreise, die örtlich über- oder unterschritten werden. Die Preise beziehen sich auf „ab Lkw-befahrbarer Abfuhrstraße".

Häufig ist in Schlussbriefen (siehe Abb. links) eine Schadholzkausel enthalten, welche besagt, dass im Falle des Eintritts eines größeren Schadereignisses (Windwurf, Schneebruch) die Holzpreise neu verhandelt werden müssen.

10.3.4 Geschäftsabschluss

Bei einem Holzverkauf ist es zweckmäßig, das Holz zunächst schriftlich mehreren Interessenten anzubieten. Dieses erste Anbot muss „freibleibend" oder „unverbindlich" sein, damit man freie Hand bei der Auswahl des Käufers hat.

Vor dem Verkauf von Holz sollte man dieses mehreren Interessenten unverbindlich anbieten.

Der Geschäftsabschluss erfolgt am besten mit einem Schlussbrief. Im Gegensatz zu einem schriftlichen Kaufvertrag ist er nicht gebührenpflichtig.

Zertifizierung von Holz

Grundlegendes Prinzip der PEFC-Holzzertifizierung in Österreich ist es, den hohen Standard der Waldbewirtschaftung in Österreich aufrecht zu erhalten, zu dokumentieren und festgestellte Verbesserungspotentiale in Regionen aufzuzeigen. Die Teilnehmer an einer PEFC-Zertifizierung tragen nach ihren betrieblichen Möglichkeiten dazu bei, folgende **Ziele** umzusetzen. Die Teilnahme an einer PEFC-Zertifizierung ist freiwillig, kostenlos und garantiert, dass österreichisches Holz aus nachhaltiger Familienforstwirtschaft stammt.

- Erhaltung und angemessene Verbesserung der Waldressourcen und ihr Beitrag zu globalen Kohlenstoffkreisläufen.
- Erhaltung und Gesundheit sowie Vitalität von Waldökosystemen

PEFC

Dieses Zertifikat gewährleistet, dass der Rohstoff Holz aus nachhaltiger Forstwirtschaft stammt.

- Erhaltung und Förderung der Produktionsfunktion der Wälder
- Erhaltung, Schutz und angemessene Verbesserung der biologischen Vielfalt von Ökosystemen
- Erhaltung und angemessene Verbesserung der Schutzfunktion in der Waldbewirtschaftung (Boden und Wasser)
- Erhaltung sozioökonomischer Funktionen und Bedingungen

FRAGEN ZUM KAPITEL

1. Nennen Sie die wichtigsten Bestandteile eines Schlussbriefes!
2. Was bedeuten die Ausdrücke FMO, RMM und AMO?
3. Beschreiben Sie die Holzfehler Buchs, Ringschäle und Abholzigkeit.
4. Erklären Sie die wichtigsten Bestimmungen der ÖHU für die Güteklasse B bei Nadelrundholz.
5. Zählen Sie die wichtigsten Sortimente bei Nadelrundholz auf.

11. BIOENERGIE

WAS SIND BIOMASSE UND BIOENERGIE?

Definition

In Östereich ist „Biomasse“ gemäß ÖNORM M 7101 wie folgt definiert: „Unter dem Begriff Biomasse versteht man alle organischen Stoffe biogener, nicht fossiler Art und umfaßt also in der Natur lebende und wachsende Materie und daraus resultierende Abfallstoffe, sowohl von der lebenden als auch schon abgestorbener organischer Masse.“ Der Hauptteil der in Österreich energetisch verwendeten Biomasse stammt aus dem Wald.

Rohstoffe

Einige Beispiele:

- Restholz
- Strauchschnitt
- Bioabfälle
- Gülle aus der Tierhaltung
- Speisereste, Küchenabfälle
- Reste der Gemüseverarbeitungsindustrie
- Rasenschnitte, Landschaftspflegeabfälle

Als Bioenergie bezeichnet man Energie, die aus Biomasse gewonnen wird. Biomasse ist gespeicherte Sonnenenergie in Form von Energiepflanzen, Holz oder Reststoffen, wie z. B. Stroh, Biomüll oder Gülle. Bioenergie ist unter den erneuerbaren Energieträgern der einzige vielseitige Energieträger: Sowohl Strom, Wärme als auch Treibstoffe können aus fester, flüssiger und gasförmiger Biomasse gewonnen werden.

Energetische Nutzung

Grundsätzlich kann zwischen fester, flüssiger und gasförmiger Biomasse unterschieden werden. In Österreich wird Biomasse vorwiegend in Form von Holz genutzt. Fast 50 % des inländischen Energieverbrauchs von erneuerbaren Energieträgern basieren auf Holzrohstoffen. Dazu zählen Scheitholz, Waldhackgut, Industrierestholz, Holzpellets. Die in der Biomasse gespeicherte Sonnenenergie kann in vielfältiger Form genutzt werden – zur Wärmeproduktion, zur Herstellung von Biokraftstoffen, zur Stromer-

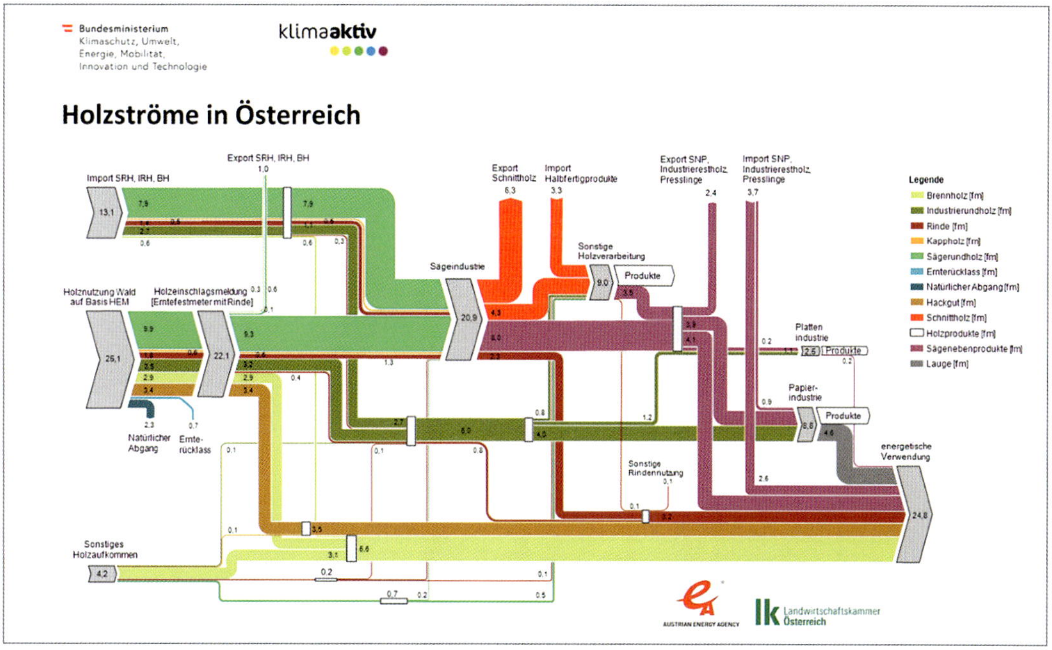

Energiefluss (Quelle: Bernhard Lang, Österreichische Energieagentur – Austrian Energy Agency, DI Kasimir Nemestothy, Landwirtschaftskammer Österreich. Copyright: klima:aktiv energieholz / Österreichische Energieagentur – Austrian Energy Agency, FHP Kooperationsplattform Forst Holz Papier)

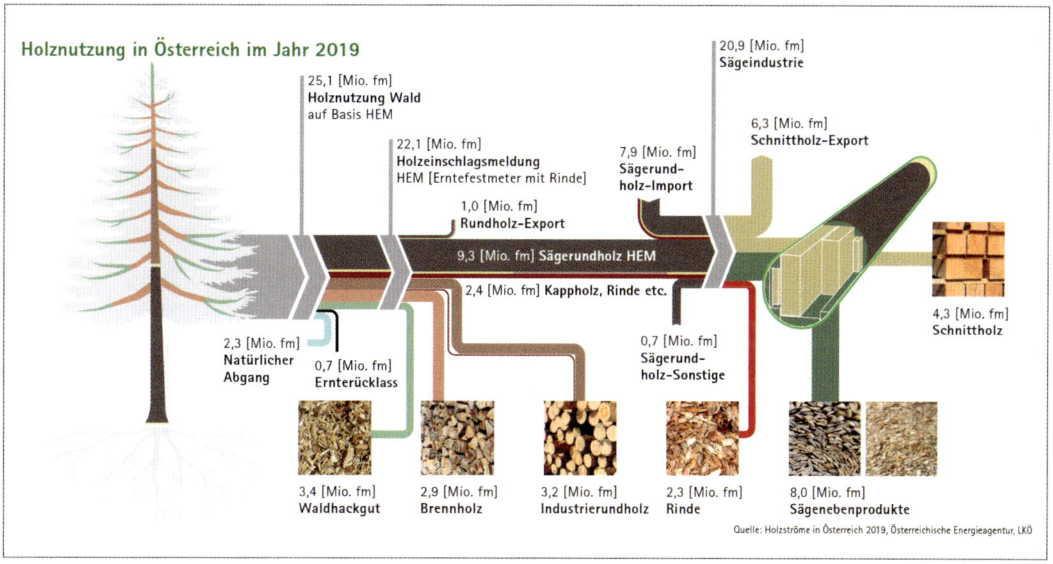

Holzfluss und Holznutzung

zeugung. Rund 17 % des österreichischen Bruttoinlandsenergieverbrauchs werden derzeit durch Biomasse abgedeckt, wobei die Wärmenutzung eindeutig dominiert. Das Heizen mit Holz spielt also eine große Rolle: Die Bandbreite reicht hier von Einzelöfen, automatischen Kleinfeuerungen (Pellets, Hackschnitzel, Scheitholz), Kachelöfen bis zu Heizwerken, die einzelne Gebäude oder ganze Nah- bzw. Fernwärmenetze speisen. Mehr als zwei Drittel der Biomasse werden in diesem Niedertemperaturbereich, also vornehmlich zur Erzeugung von Raumwärme genutzt.

Die bei der Verbrennung von Biomasse entstehende Wärme kann darüber hinaus verwendet

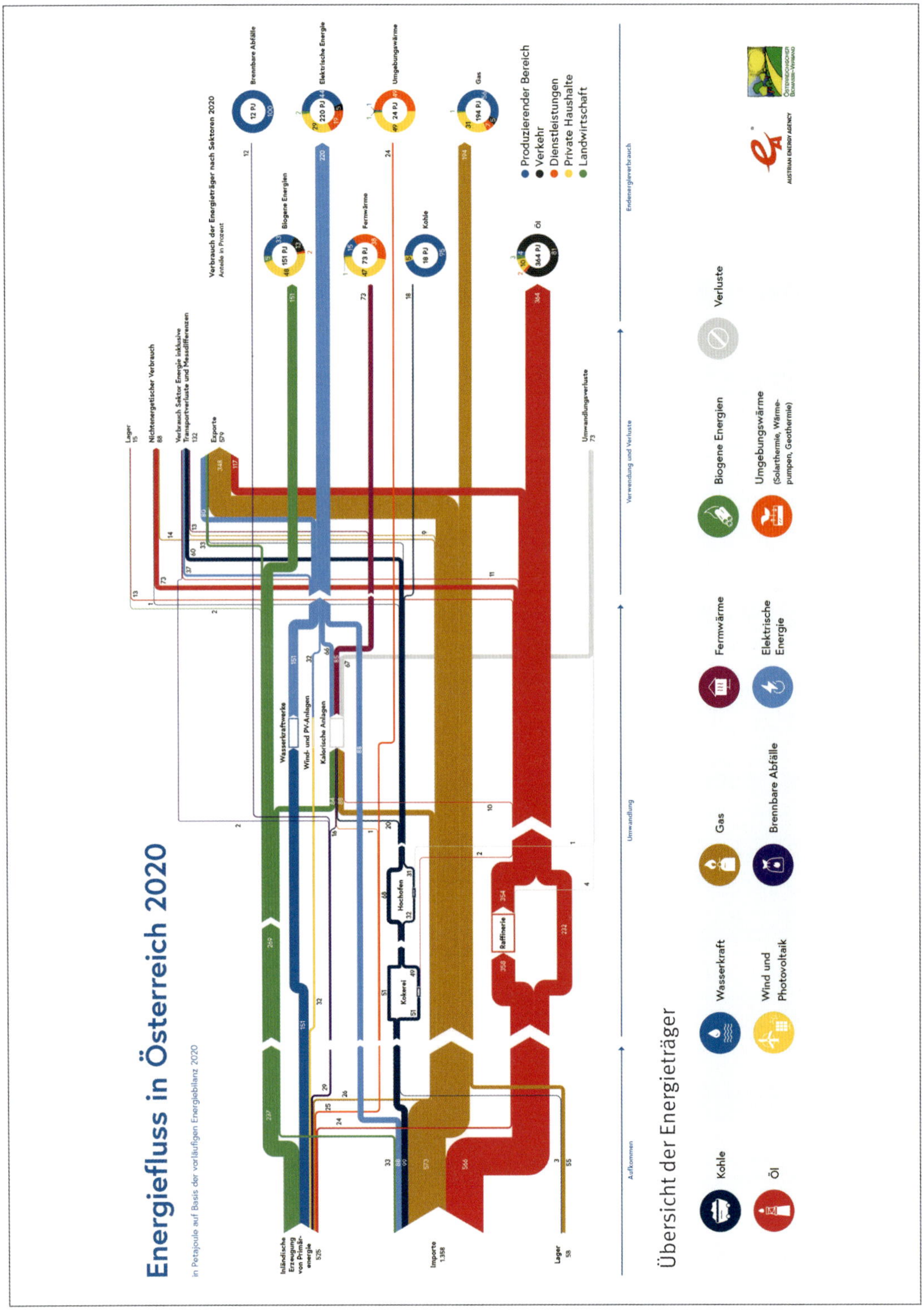

Energiefluss in Österreich 2020

Quelle: Statistik Austria, Energiebilanz 2020, Berechnungen: Österreichische Energieagentur, ÖBMV

werden, um Dampf zu erzeugen, der eine Turbine zur Stromerzeugung antreibt. Neben dieser Technik gibt es auch verschiedene andere Verfahren der Elektrizitätserzeugung aus Biomasse (ORC-Prozess, Stirlingmotor, Holzvergasung). Über eine Kraft-Wärme-Kopplung (KWK) können bei allen diesen Prozessen Wärme und Strom genutzt werden.

Ein bedeutender Anteil entfällt auf die Biomasse zur Erzeugung von Prozesswärme – vor allem in der Papier- und Zellstoffindustrie und in der holzbe- und -verarbeitenden Industrie. Die in der Papier- und Zellstoffindustrie als Nebenprodukt anfallenden Ablaugen stellen ebenfalls einen erneuerbaren Energieträger dar. Neben Rinde werden diese Ablaugen, die im Wesentlichen aus dem gelösten Holzbestandteil Lignin bestehen, in Ablauge- und Wirbelschichtkesseln zumeist zur Deckung des Eigenbedarfs an Strom und Raumwärme und vor allem zur Deckung des betrieblichen Prozesswärmebedarfs eingesetzt.

Biogas wird mittels Gasmotoren ebenfalls zur Stromerzeugung herangezogen. Auf diese Weise kann die Landwirtschaft mehrere tausend Hektar landwirtschaftliche Fläche in die Energieproduktion einbinden.

Der Rohstoff Biogas kann allerdings auch zur Treibstoffproduktion herangezogen werden. Durch die Aufbereitung des landwirtschaftlichen Rohgases auf Erdgasqualität wird ein Einsatz in modernen gasbetriebenen Fahrzeugen möglich. Derzeit sind das in erster Linie städtische Fuhrparks, die auf diese umweltfreundliche Alternative umgerüstet wurden. Das veredelte Biogas kann darüber hinaus in das Erdgasnetz eingespeist werden und damit stehen dem erneuerbaren Energieträger wie seinem fossilen Verwandten alle Verwendungs- und vor allem Verteilungsoptionen offen.

Zu den Biokraftstoffen zählen weiters kalt gepresste Pflanzenöle, Biodiesel (Fettsäuremethylester) und Ethanol-Kraftstoffe. Für die Dieselproduktion werden vorrangig Raps und Sonnenblume herangezogen, die Alkoholerzeugung basiert meist auf Getreide oder Zuckerrüben.

FRAGEN ZUM KAPITEL

1. Wie viel Prozent des österreichischen Bruttoinlandsenergieverbrauchs wird durch Biomasse abgedeckt?
2. Was versteht man unter Biomasse und welche Rohstoffe fallen darunter?
3. Wie hoch ist der Anteil der genutzten Holzbiomasse für die Wärmeerzeugung?

12. SCHUTZ DES WALDES

Der Wald durchläuft bei seinem Aufwachsen unterschiedliche Entwicklungsstadien mit phasentypischen Ausprägungsmerkmalen und phasentypischen Gefährdungspotentialen. Um Schäden möglichst einschränken zu können, muss der Waldbauer nicht nur die Ursachen und Erscheinungen der Forstschäden kennen, sondern auch über Vorbeugungs- und Bekämpfungsmaßnahmen Bescheid wissen.

12.1 ABIOTISCHE WALDSCHÄDEN

Unter dem Begriff „abiotische Waldschäden" versteht man Forstschäden, welche durch Witterungsextreme hervorgerufen werden.

12.1.1 Wind und Sturm

Winde können zum Austrocknen des Waldbodens und der Pflanzen führen. Stürme verursachen vorwiegend Wurf- und Bruchschäden. Besonders gefährdet sind die höheren Altersklassen von Nadelbaumreinbeständen. Die Auswirkungen sind mannigfaltig: Zerstörung des Waldgefüges, Vergrasung des Bodens, Veränderung des Mikroklimas, Wertminderung, Zuwachseinbuße. Im Durchschnitt der letzten zehn Jahre ist jährlich ein Viertel des Holzeinschlages als Schadholz infolge von Sturm und Schnee angefallen.

Windbruch zerstört nicht nur den Wald, sondern auch das Holz.

Schutzmaßnahmen:

- Guter Bestandesschluss und dichter Waldrand (Traufschutz erhalten)
- Mischung mit sturmfesten Baumarten (Tiefwurzler)
- Frühzeitige, regelmäßige Durchforstung (fördert die Stabilität der Bestände)
- Standortgerechte Baumarten
- Schlägerungsfortschritt gegen die Hauptwindrichtung
- Vermeidung großer Kahlflächen und Schlagfronten
- Kürzere Umtriebszeiten

12.1.2 Hitze

Bei Temperaturen von mehr als 45 °C kann es in der Regel zu Hitzeschäden kommen. Das Absterben von Jungpflanzen durch Überhitzung der Bodenoberfläche ist häufig.

An älteren, glattrindigen Stämmen an südlichen und westlichen Bestandesrändern tritt vor allem nach plötzlichem Freistellen der Rindenbrand (Sonnenbrand) auf. Die Rinde stirbt am Schaft ab, reißt auf und fällt später stückweise ab. Die nackte Holzstelle wird trockenfaul. Besonders gefährdet sind Strobe, Fichte, Rotbuche, Hainbuche, Esche, Ahorn und Linde.

Schutzmaßnahmen:

- Gefährdete Bestandesränder geschlossen halten
- Schattenspendende Bodendecke erhalten
- Verjüngung unter Schirm

12.1.3 Frost

Frost entsteht entweder durch kalte Luftströmungen oder durch Ausstrahlung. Er schädigt die Forstpflanzen u. a. durch Abtöten noch nicht verholzter Triebe (Frühfrost = Herbstfrost), junger Knospen, Triebe, Blätter und Blüten (Spätfrost = Frühjahrsfrost) und Auffrieren des Bodens, wodurch die Wurzeln ihren Halt verlieren und vertrocknen (Barfrost = Winterfrost). Frostschäden treten vorwiegend an Ost- und Süd-

Frostschaden an einer Tanne

hängen, auf Hochebenen sowie in Beckenlagen (Kaltluftsee) auf.

Schutzmaßnahmen:

- In frostgefährdeten Lagen unter dem Schutz des alten Bestandes verjüngen. Ist dies nicht möglich, soll die Kultur z. B. mit starken, frostharten Pflanzen begründet werden.
- Für den Abfluss gestauter Kaltluft durch Auflockern der Bestände oder talwärtigen Aufhieb Sorge tragen
- Auf feuchten Böden Herbstpflanzungen unterlassen

12.1.4 Schnee

Der Schnee kann durch Schneedruck (ganze Bäume werden entwurzelt und umgedrückt)

Schneedruck, oft eine Folge der fehlenden oder rechtzeitigen Durchforstung

oder Schneebruch (Stämme brechen unter der Last des Schnees) dem Wald Schaden zufügen. Schneebruch ist genauso wie Windwurf oder Windbruch wegen der drohenden Insektenmassenvermehrung möglichst bald aufzuarbeiten; das Holz ist zügig abzutransportieren.

Schutzmaßnahmen:

- Anbau standortgerechter, schneefester Baumarten
- Weite Pflanzverbände
- Ständige Jungwuchspflege
- Starke Stammzahlreduktion bei Naturverjüngungen
- Begründung von Mischbeständen
- Regelmäßige Durchforstung
- Aufbau eines stufigen Bestandes

12.1.5 Niederschlag

Zu den weiteren Schäden, die neben dem Schnee durch Niederschlag verursacht werden, gehören Raureif, Eisanhang und Hagel.

Es sind ähnliche Schutzmaßnahmen anzuwenden wie beim Schnee. In stark hagelgefährdeten Gebieten sollte die Verjüngung im Schutz des Altbestandes vorgenommen werden.

12.1.6 Feuer, Waldbrand

Ein Großteil der Waldbrände in Österreich wird durch unsachgemäßes Hantieren mit offenem Feuer im Wald verursacht. Die achtlos weggeworfene Zigarette oder das außer Kontrolle geratene Lagerfeuer kann zu einer großen Katastrophe für den Waldbesitzer werden. Das Forstgesetz verbietet das Feuerentzünden in Jahreszeiten mit erhöhter Waldbrandgefahr und kann im Extremfall sogar das Betreten der waldbrandgefährdeten Wälder verbieten. Besonders gefährdet sind trockene süd-, südwestexponierte Nadelwälder, meist in Siedlungsnähe oder in der Nähe von Wanderwegen.

Vorbeugung: Aufklärung der Bevölkerung, Anlage von Löschteichen, Erarbeiten von Waldbrandpräventionsmaßnahmen und eines Waldbrandbekämpfungskonzeptes mit der örtlichen Feuerwehr.

Rotfäule bei der Fichte

Hallimaschbefall

12.2 BIOTISCHE SCHÄDEN

Biotische Schäden haben ihre Ursache in der belebten Umwelt.

12.2.1 Pilzschäden

Pilze sind die gefährlichsten Feinde des Holzes. Sie greifen sowohl den lebenden Baum als auch das Holz in freiem und verbautem Zustand an und zerstören sie. Der Pilzbefall führt nicht selten den Tod der Waldbäume herbei.

Unter anderem sollte neben Krebs, Schütte, Mehltau und Schorf der Bekämpfung folgender Pilzschäden am lebenden Holz besondere Beachtung geschenkt werden.

Rotfäule (Wurzelschwamm)

Der Wurzelschwamm verursacht die vor allem bei der Fichte und der Kiefer auftretende Rotfäule. Der Pilz tritt besonders auf ehemals landwirtschaftlich genutzten Flächen und auf kalkhaltigen Böden auf. Die Infektion erfolgt über Verletzungen am Wurzelhals (z. B. Rücke- oder Schälschäden) und an der Wurzel. Zerstört werden zunächst die Wurzeln. Im Stamm wächst der Pilz bei der Fichte bis ca. 8 m hoch. Die Rotfäule ist durch den Harzausfluss am Erdstammende, durch die flaschenförmigen Verdickungen der Wurzelanläufe und durch den dumpfen, hohlen Klang beim Anklopfen verhältnismäßig leicht erkennbar. Sie beeinträchtigt den Nutzholzwert der befallenen Stämme in starker Weise.

Schutzmaßnahmen:

- Beschädigung von Bäumen vermeiden
- Bei Neuaufforstungen Mischwaldbegründung bevorzugen

Hallimasch

Das Pilzmyzel des Hallimaschs dringt in die Wurzeln ein und breitet sich zwischen Rinde und Holz aus. Der Baum stirbt von der Spitze her ab. Bei jüngeren Nadelbäumen tritt starker Harzfluss ein. Während der Stamm gesund bleibt, werden die Wurzeln und der Stock zerstört. Die gestielten, mit gelbem Hut versehenen Fruchtkörper treten im Herbst auf, bevorzugt auf alten Stöcken.

Der Hallimasch kommt in unseren Wäldern sehr häufig vor und befällt vor allem die Nadel-

Hallimasch

Ulmensterben

baumarten Fichte, Lärche und Kiefer, welche auf ehemaligen Laubwald- und landwirtschaftlich genutzten Flächen stocken.

Schutzmaßnahmen:

- Befallene junge Pflanzen herausziehen und verbrennen
- Vor dem Anbau von Nadelbäumen Laubbaumstöcke roden oder übererden
- Widerstandsfähige Baumarten, wie Douglasie und Tanne, oder verschiedene Laubbäume anpflanzen

Eschentriebsterben

Die Esche ist in Österreich eine der wichtigsten Mischbaumarten. Seit geraumer Zeit wird diese Baumart von einem Pilz in ihrer Existenz bedroht. Es handelt sich dabei um das „Falsche Weiße Stengelbecherchen“ (*Hymenoscyphus pseudoalbidus*). In Österreich und Europa ist der Befall sehr weit fortgeschritten.

Symptome der Krankheit treten in der Rinde und im Holz von Trieben, Ästen und Stämmen auf und zeigen sich als Rindennekrosen, welche sich ausweiten und zum Absterben von Trieben und Zweigen führen.

Ulmensterben, Ulmenwelke

Das Ulmensterben wird von zwei nahe verwandten Pilzen hervorgerufen (*Ophiostoma ulmi* und *Ophiostoma novo-ulmi*). Es handelt sich um eine Welkekrankheit, die durch die Verstopfung der wasserleitenden Gefäße zum Tod befallener Ulmen führt.

Die Erreger werden vor allem durch den Großen und den Kleinen Ulmensplintkäfer übertragen. Beim Reifungsfraß bringen die Käfer die Ulmen mit dem Pilz in Kontakt. Von dort breiten sich die Pilze mit dem Saftstrom systemisch im ganzen Baum aus und verursachen schließlich den Tod der befallenen Bäume. Eine Bekämpfung erfolgt kaum, außer dass befallene Bäume entfernt werden.

12.2.2 Tierschäden

Die weitaus meisten tierischen Forstschädlinge sind Insekten, welche große wirtschaftliche Schäden verursachen könnnen.

Große Fichtengallenlaus

Durch das Saugen der Fichtengallenlaus (*Sacchiphantes* sp.) entstehen an den austreibenden Maitrieben harte, 2–3 cm große, oft stachelige, grüne, großschuppige Gallen von ananasartiger Form, in deren Kammern Läuse heranwachsen. Oberhalb der Galle weisen die Triebe Knickungen und Missbildungen auf. Häufig kümmern sie und sterben sogar ab.

Befinden sich die Gallen am Ende der Triebe, so handelt es sich um die Kleine Fichtengallenlaus (*Adelges* sp.).

Gallenbildung der Großen Fichtengallenlaus

Der von der Fichtengallenlaus verursachte Schaden besteht in der Verhinderung der normalen Triebbildung und in der Wachstumsbeeinträchtigung. Die Laus schädigt nicht nur die Fichte, sondern auch die Lärche.

Schutzmaßnahmen:

- Mischwaldbegründung
- Ausschneiden oder Abbrechen der noch grünen Gallen
- Vogel- und Ameisenschutz
- Chemische Schutzmaßnahmen sind nur bei Christbaumkulturen gerechtfertigt

Kleine Fichtenblattwespe

Sie schadet hauptsächlich auf Standorten, die der Fichte nicht zusagen, durch den Fraß an Maitrieben. Befallen werden meist Kulturen, Dickungen und 20- bis 40-jährige Bestände in sonnseitigen und windgeschützten Lagen. Die Fraßzeit dauert zwei bis drei Wochen. Durch die oft jahrzehntelang andauernde Übervermehrung kann die Fichtenblattwespe (*Pristiphora abietina*) zu einer chronischen Plage im Wald werden. Ihr Fraß deformiert die Kronen stark. Ein geringes Höhenwachstum und die erhöhte Anfälligkeit für andere Schädlinge führen zu empfindlichen Schäden.

Großer Brauner Rüsselkäfer

Er ist einer der bedeutendsten Kulturschädlinge, der hauptsächlich Nadelbaumkulturen auf frischen Schlägen aufsucht. Der Reifungsfraß des Großen Braunen Rüsselkäfers (*Hylobius abietis*) – er befrisst nachts die Rinde – kann große Ausfälle, die bis zum Totalschaden reichen, verursachen. Das Befressen der Rinde wird als Plätze-, Scharten- oder Pockennarbenfraß bezeichnet. Die Rinde der Fraßstellen erweitert sich trichterförmig nach außen.

Fraßbild

Schutzmaßnahmen:

- Abkehr von der Kahlschlagwirtschaft und Förderung der Naturverjüngung
- Reichliche Laubbaumbeimischung
- Entrinden von Wurzelstöcken (zumindest streifenweise – Austrocknung!)
- Auslegen von vergifteten Fangrinden (Fichte) oder Fangknüppeln (Kiefer)
- Chemische Schutzbehandlung des oberirdischen Teiles der Pflanzen durch Tauchen (vorbeugende Maßnahme) oder Spritzen (bekämpfende Maßnahme)
- „Schlagruhe“ von mindestens drei Jahren

Befall durch den Großen Braunen Rüsselkäfer

Buchdrucker und Puppen des Buchdruckers

Typisches Fraßbild des Buchdruckers

Braunes Bohrmehl zeigt, dass der Buchdrucker in der Rinde brütet.

Die Vorlage von Fangbäumen ist eine Methode der Bekämpfung des Buchdruckers.

Buchdrucker (Großer Achtzähniger Fichtenborkenkäfer)

Der Buchdrucker (*Ips typographus*) ist der gefährlichste Borkenkäfer im Fichtenwald und hat eine Länge von 4 bis 6 mm. Er befällt zunächst kränkelnde und durch Naturereignisse geworfene oder gebrochene Fichten, bei starker Vermehrung auch gesunde. Häufig tritt er gemeinsam mit dem Kleinen Sechszähnigen Borkenkäfer (Kupferstecher) auf, der die schwächeren Rindenteile, vor allem aber das Stangenholz heimsucht.

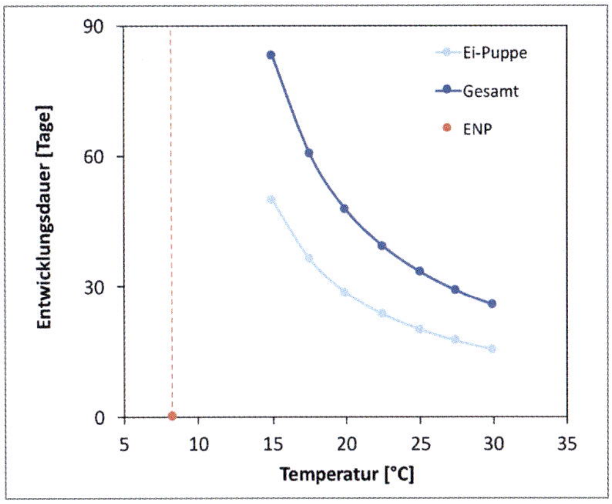

Die Entwicklung des Buchdruckers in Abhängigkeit von der Temperatur (Quelle: Leitfaden zur Abwehr von Borkenkäferschäden, FAST Ossiach des BFW)

Der Befall ist vorerst an den Einbohrlöchern und dem ausgeworfenen braunen Bohrmehl zu erkennen, dann am Vergilben der Nadeln und am Abblättern der Rinde. Der Fichtenborkenkäfer neigt von allen Borkenkäfern am ehesten zur Massenvermehrung. Nebenstehende Darstellung zeigt seine verschiedenen Entwicklungsstadien.

Die Entwicklung des Käfers ist temperaturabhängig und dauert zwischen fünf und acht Wochen (je wärmer, desto rascher).

Kupferstecher (Kleiner Sechszähniger Fichtenborkenkäfer)

Der Kupferstecher (*Pityogenes chalcographus*) ist ein etwa 2 mm großer Käfer mit sechs deutlichen Zähnchen am Flügeldeckenabsturz (Lupe). Es können alle Stadien des Käfers unter der Rinde im Brutbild überwintern. Flugbeginn ähnlich

Sterngang mit verdeckter Rammelkammer, typisches Fraßbild des Kupferstechers.

wie beim Buchdrucker. Pro Jahr produziert dieser Käfer maximal zwei vollständige Generationen. Am meisten gefährdet sind Fichtenstämme im Stangenholzalter, bei hoher Populationsdichte auch Jungfichten in Kulturen. Vorsicht ist auch besonders bei stärkeren, im Bestand verbleibenden Ästen geboten. Aus diesem Grund ist das konsequente Einkürzen der Äste und Wipfel (max. 1 m Länge), welche im Wald verbleiben, von besonderer Wichtigkeit. Zu erkennen ist ein sehr kleines Einbohrloch in dünnrindigen Stamm- und Kronenbereichen, auch von älteren Bäumen, und unterhalb der Rinde ein drei- bis sechsarmiger Sterngang mit einer in der Rinde verborgenen Rammelkammer.

Schutzmaßnahmen gegen Buchdrucker und Kupferstecher:

- Mischwälder mit standortstauglichen Baumarten begründen
- Säubern der Bestände von kranken, geworfenen und gebrochenen Bäumen (Waldhygiene)
- Regelmäßige Begehung der Wälder zur Früherkennung von Befallsherden
- Holz in Rinde bis zu Beginn der Flugzeit aus dem Wald bringen und nicht im Wald oder in Waldnähe lagern, schwache Schlagrücklässe einkürzen (Meterstücke)
- Schutz der natürlichen Feinde (Ameisen und Vögel)
- Rinde von befallenen Bäumen verbrennen
- Vorlegen von Fangbäumen (Fangbäume gegen Buchdrucker lenken die schwärmenden Borkenkäfer auf leichter kontrollierbare, liegende Bäume. Das optimale Verhältnis zwischen Fangbäumen und Käferbäumen des Vorjahres ist 1 : 3)
- Aufstellen von Käferfallen, die mit biologischen Lockstoffen versehen sind (Pheromonfallen, Fangholzhaufen, Fangprügel, Fangtipi, Insektizidnetze mit Lockstoffen). Achtung: Ständige Kontrolle und Entleerung ist besonders wichtig!
- Verwendung von Insektiziden (nur zugelassene Mittel dürfen verwendet werden – Sachkundenachweis!), Insektizidnetzen oder Folienlagerung

Gestreifter Nadelnutzholzborkenkäfer
Quelle: © Udo Schmidt, Wikimedia Commons, CC BY-SA 2.0

Gestreifter Nadelnutzholzborkenkäfer

Der ca. 3,5 mm große Holzbrüter (*Xyloterus lineatus*) mit den längsgestreiften Flügeldecken ist ein ausgesprochener Frühschwärmer (schon ab Anfang März). Das befruchtete Weibchen dringt bis zu 7 cm tief radial in den Stamm ein und legt senkrecht dazu meist zwei den Jahrringen folgende Muttergänge an, wo die Eier abgelegt werden. Die ausschlüpfenden Larven fressen in 4–5 mm langen, in der Faserrichtung liegenden Gängen, die sich abwechselnd gegenüberliegen. Sie ernähren sich nicht vom Holz, sondern vom eingebrachten Pilz. Im Sommer verlassen die Käfer den Brutbaum und überwintern in der Bodenstreu. Es gibt pro Jahr eine Generation.

Befallen werden hauptsächlich die Baumarten Fichte und Tanne, seltener Föhre und Lärche. Den Befall durch den Nadelnutzholzbohrer erkennt man durch weiße Bohrmehlhäufchen auf den liegenden Stämmen.

Der Gestreifte Nadelnutzholzborkenkäfer neigt zu Massenvermehrungen und kann zur Entwertung von im Wald gelagertem Fichtenholz führen. Er befällt auch entrindete Stämme.

Schutzmaßnahmen:

- Abtransport der Stämme vor dem Flug
- Nasslagerung
- Rechtzeitige chemische Behandlung von Holzlagern (Sachkundenachweis!)

Großer und Kleiner Waldgärtner

Der Waldgärtner (*Tomicus* sp.) ist eine Borkenkäfergattung und ein ausgesprochener Kiefernschädling. Er bohrt sich zwischen Rinde und Holz ein. Am Einbohrloch bilden sich gelbe Harztrich-

Großer Waldgärtner (Quelle: © Fdcgoel, Wikimedia CC BY 3.0)

Kleiner Waldgärtner (Quelle: © Fdcgoel, Wikimedia CC BY 3.0)

ter; das Bohrmehl wird ausgeworfen. Später fliegt er in die Baumkronen und höhlt dort die 1- bis 2-jährigen Triebe aus. Die Zweige brechen bei Wind leicht ab („Absprünge"). Nach jahrelangen Fraßschäden sehen die Baumkronen aus, als wären sie von einem Gärtner beschnitten worden. Daher der Name „Waldgärtner".

Schutzmaßnahmen:

- Vogel- und Ameisenschutz
- Fällen kränkelnder Bäume und Abfuhr des geschlägerten, nichtentrindeten Kiefernholzes vor Flugbeginn des Käfers
- Legen von Fangbäumen bereits ab Jänner
- Anbringen von synthetischen Duftstoffpräparaten (Lockstofffallen)
- Anwendung chemischer Mittel

Wildschäden

Wildeinfluss ist in vielen Bereichen Österreichs ein sehr großes und oft zu wenig beachtetes Problem. Durch die Wildschäden kann die Verjüngung des Waldes verhindert, das Wachstum der Bäume stark beeinträchtigt oder der Wert des Holzes zunichte gemacht werden.

Bei den Wildschäden unterscheidet man zwischen **drei wichtigen Kategorien**, nämlich

- **Verbiss-**,
- **Fege- und Schlagschäden** sowie
- **Schälschäden**.

Ein Fegeschaden kann für die Pflanze tödlich sein.

Typische Winterschälung

Wildverbiss verhindert die Entwicklung von Forstpflanzen.

Verbissschäden

Verursacher: Rot-, Reh-, Muffel- und Gamswild
Baumarten: Fichte, Tanne, Lärche, Kiefer, Ahorn, Esche, Douglasie
Bestandesalter: Jugend und Dickung

Verbissschäden können sich als **Winter- oder Sommerverbiss** zeigen. Verbissen werden die Terminaltriebknospen oder die Seitentriebe. Wird die Terminaltriebknospe verbissen, so ist der Höhenzuwachs für das laufende Jahr vernichtet. Eine nachfolgende Zwieselbildung ist die Folge. Besonders unangenehm und schwer zu diagnostizieren ist der **Keimlingsverbiss**, welcher die Möglichkeit der Naturverjüngung von Waldbeständen nimmt. Weiters kann Wildverbiss zur Entmischung von Waldbeständen führen, weil selektiv Baumarten mit großen, nährstoffreichen Knospen bevorzugt werden. Jedenfalls führt Verbiss aber zu Zuwachsverlusten durch den Verlust von Assimilationsorganen.

Fege- und Schlagschäden

Verursacher: Hirsch, Rehbock, selten Gams
Baumarten: Fichte, Lärche, Kiefer, Ahorn, Esche, Zirbe
Bestandesalter: Jugend und Dickung

Beim Fegen (Jungpflanzen) und Schlagen (Dickungsstadium) werden durch das Geweih der Wildtiere Rindenpartien von den Stämmchen abgerieben. Dadurch können holzzerstörende Pilze in das Holz eindringen und die Leitungsbahnen für den Transport von Traubenzucker von der Krone zur Wurzel unterbrochen werden.

Manschetten, Verbissschutzkappen oder chemische Verbissschutzmittel verhindern Verbissschäden.

Oft sterben Bäumchen nach dem Fegen oder Schlagen ab, der Schaden kommt demnach einem Totalschaden gleich.

Neben einer Baumartenentmischung sind hohe Kosten durch die Notwendigkeit des Nachbesserns beim Ausfall von Bäumen die Folge.

Schälschäden

Verursacher: Rot-, Muffel- und Damwild
Baumarten: Fichte, Tanne, Esche, Rotbuche usw.
Bestandesalter: Stangenholz, schwaches Baumholz

Bei den Schälschäden unterscheidet man zwischen zwei Typen:

- **Winterschälung:** Abschaben von kleineren Rindenpartien, weil die Rinde in der kalten Jahreszeit keinen Saft führt. Die Zahnspuren sind dabei deutlich sichtbar.
- **Sommerschälung:** Das Abziehen der Rinde kann in großen Flächen erfolgen, da die Rinde Saft führt. Das führt zu großen Verletzungen mit starkem Befall holzzerstörender Pilze. Bei drastischer Überpopulation kann es auch zu einer Wurzelschälung kommen (speziell bei Muffelwild).

Folgen von Schälschäden: Rotfäule im Stamm und damit Entwertung des Erdblochs, Verringerung der Stabilität der geschädigten Stämme und damit erhöhte Schneedruck- und Windbruchgefahr, Vitalitätsverlust und höhere Anfälligkeit für nachfolgende Schädlinge

Schutzmaßnahmen:

- Regelung des Wildbestandes auf eine dem Lebensraum angepasste Wilddichte
- Verbesserung der Lebensraumbedingungen für das Wild durch das Belassen wirtschaftlich unwichtiger, aber ökologisch wertvoller Bäume und Sträucher (Eberesche, Holunder, Weide ...)
- Kontrollzäunungen zur Erfassung der Intensität der Schädigungen
- Intensiver Dialog mit den Jagdausübungsberechtigten
- Mechanische Einzelschutzmaßnahmen
- Chemische Schutzmaßnahmen

Waldweide

Rund 10 % des österreichischen Waldes werden noch immer beweidet. In manchen Gebieten ist die Waldweide auch heute noch ein schwer zu lösendes Problem. Erkrankungen durch Verdichtungen des Bodens, Verwundungen flachstreichender Wurzeln durch Viehtritt, Schäl- und Verbissschäden sind die Folge. Eine Vermehrung von Schadinsekten tritt ein. Eine Trennung von Wald und Weide ist nach Möglichkeit vorzunehmen.

12.2.3 Schäden durch menschliche Einflüsse

Neben den dargestellten Gefahren aus der belebten und unbelebten Natur, die den Wald bedrohen, gibt es zahlreiche andere, die durch die menschlichen Einflüsse hervorgerufen werden.

Schäden durch Klimawandel

Über den sogenannten Treibhauseffekt wird eine globale Erwärmung erwartet. Verantwortlich dafür sind Emissionen treibhausrelevanter Gase (hauptsächlich CO_2, Methan, Lachgas), welche in den letzten 150 Jahren drastisch angestiegen sind. Die Folge sind Witterungsextreme (orkanartige Stürme, heftige Gewitter, Hagel ...)

Waldbestände werden durch die Veränderung des Klimas bedroht. Baumarten und Waldgesellschaften können bei sich rasch ändernden Wachstumsbedingungen des Naturraumes in ihrer Existenz gefährdet werden. Für eine vollständige Anpassung an geänderte Lebensraumbedingungen sind viele Baumgenerationen notwendig.

Schäden durch Waldarbeit

Unsachgemäße Forstarbeit führt zu Fällungs-, Rücke- und Transportschäden. Besonders oft treten Rindenverletzungen auf, die wiederum häufig zu Stammfäulen führen bzw. Eintrittstellen für Forstschädlinge sind. Die Beherrschung der Arbeitstechnik und ein sorgsamer Umgang mit den Ernte- und Transportmaschinen können die angeführten Schäden weitgehend verhindern.

Einschleppung von Forst- und Holzschädlingen

Der internationale Warenverkehr hat zur Folge, dass trotz bestehender pflanzensanitärer Bestimmungen immer wieder fremdartige Forst-

und Holzschädlinge eingeschleppt werden, die sich bei uns zu gefährlichen Schädlingen entwickeln können. Diese Schädlinge können das biologische Gleichgewicht empfindlich stören und verursachen große Schäden. Beispiele sind: Asiatischer Laubholzbockkäfer, Nutzholzbohrer, Kastanienminiermotte, Kastanienrindenkrebs.

Der Asiatische Laubholzbockkäfer (*Anoplophora glabripennis*) ist ein besonders unangenehmer Waldschädling. Er befällt Laubholz und kann in Österreich sehr vitale Populationen entwickeln.

Asiatischer Laubholzbockkäfer
Quelle: USDA; https://agresearchmag.ars.usda.gov/2000/jun/asian

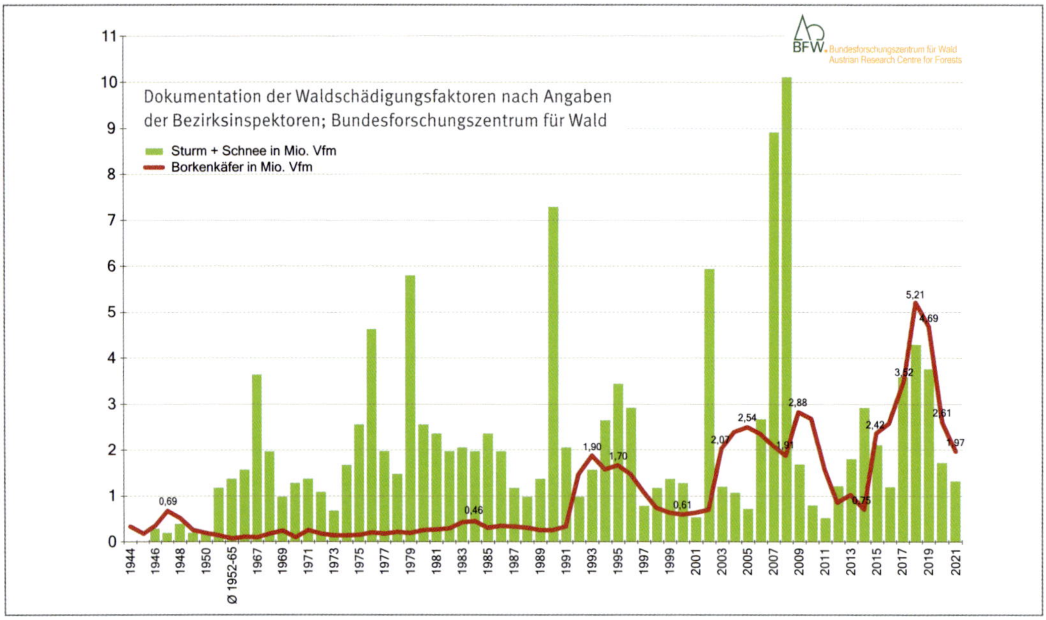

Schadholzmengen durch Sturm, Schnee und Borkenkäferbefall

FRAGEN ZUM KAPITEL

1. Was bezeichnet man als abiotische Waldschäden?
2. Was sind biotische Waldschäden?
3. Welche Schutzmaßnahmen können Sie gegen Wind/Sturm ergreifen?
4. Welche Schutzmaßnahmen können Sie gegen Schnee ergreifen?
5. Welche von Pilzen hervorgerufene Schäden kennen Sie?
6. Warum ist der Große Braune Rüsselkäfer einer der bedeutendsten Kulturschädlinge?
7. Welche Schutzmaßnahmen gegen Buchdrucker und Kupferstecher kennen Sie?
8. Welche Arten von Wildschäden gibt es?
9. Wie kann man den Wald gegen Wildschäden schützen?
10. Welche Waldschäden können durch menschliche Einflüsse entstehen?

13. FORSTLICHE BETRIEBSWIRTSCHAFT

Von den übrigen Betriebszweigen des bäuerlichen Betriebes unterscheidet sich der Wald vor allem durch seine lange, oft mehrere Generationen umfassende Umtriebszeit. Um den Wald nachhaltig und erfolgreich bewirtschaften zu können, muss der Waldbesitzer einen guten Überblick über seine Waldverhältnisse haben, die nutzbare Holzmenge kennen und wissen, wo, wann und welche Maßnahmen er durchzuführen hat. Während in Forstbetrieben der Wald die einzige Einkommensquelle bildet, ist er in Betrieben, die über land- und forstwirtschaftliche Kulturen verfügen, ein Betriebszweig mit unterschiedlichem Einfluss auf das Gesamteinkommen.

13.1 PLANUNG DER WALDBEWIRTSCHAFTUNG

Die Bedeutung einer landwirtschaftlichen Betriebsplanung für den Betriebserfolg ist heute jedem fortschrittlichen Landwirt bewusst. Oft wird aber übersehen, dass auch die Bewirtschaftung des Waldes mit seinen langen, das Leben eines Waldbesitzers überdauernden Produktionszeiträumen ebenfalls einer eingehenden Planung bedarf. Jede falsch angelegte Kultur, unsachgemäße Durchforstung oder Endnutzung belasten noch spätere Generationen.

Waldwirtschaftsplan

Die beste Voraussetzung für eine gute Bewirtschaftung des Waldes ist ein von einem Forstfachmann erstellter Waldwirtschaftsplan.

Er wird vor allem in größeren Forstbetrieben mit laufender Waldnutzung für die Dauer von zehn Jahren erstellt und besteht aus Waldkarte und Wirtschaftsbuch. In der **Waldkarte** sind mit bestimmten Farben die Grenzen, Altersklassen, geplanten Nutzungen, Wege und sonstige Einzelheiten (z. B. Steinbruch, Teich) eingezeichnet. Das **Wirtschaftsbuch** enthält ein **Flächenverzeichnis**, das über die bestockten Flächen, Betriebsformen, Wirtschaftsbeschränkungen (Schutz- und Bannwald), Nutzungsrechte und dgl. Auskunft gibt. Weiters wird der **Waldstandort** beschrieben (Seehöhe, Niederschlagsmenge, Bodenbeschaffenheit, Geländeausformung).

Die **Bestandesbeschreibung** gibt Auskunft über Baumarten, Alter, Bestockung, Bonität, Masse, Zuwachs und sonstige Bestandsmerkmale (z. B. Ackeraufforstung, Rotfäule, Ästigkeit). Die eigentliche Planung erstreckt sich auf die **Waldpflegeplanung** und **Hiebsplanung** (Festlegung der Schlägerungsorte, zu erntende Masse, Betriebsform und Schlägerungszeit) und eventuell auf die Aufschließungsplanung. Die im Folgenden beschriebenen Daten sind für die Erstellung eines Waldwirtschaftsplanes vonnöten.

13.2 ERHEBUNG DES WALDBESTANDES

Eine wichtige Voraussetzung für die richtige Nutzung des Waldes ist die Kenntnis seines Leistungsvermögens. Dazu müssen neben der Fläche vor allem Baumarten, Altersaufbau, Bestockung, Holzvorrat und Zuwachs erhoben bzw. berechnet werden. Die entsprechenden Daten können vielfach nur **Forstleute** in befriedigender Weise ermitteln, weshalb nach Möglichkeit ihre **Beratung** in Anspruch genommen werden sollte (z. B. Landwirtschaftskammer, forstliche Planungsbüros). Mit Hilfe einfacher Verfahren kann sich der Waldbauer jedoch auch selbst einen entsprechenden Überblick verschaffen. Ein wertvolles Hilfsmittel dabei ist der Österreichische Forstjahrbuch mit seinen Tabellen.

13.2.1 Waldfläche

Die Waldfläche eines Betriebes geht aus dem Grundstücksverzeichnis und dem Lageplan hervor.

Der tatsächliche Waldbestand stimmt vielfach nicht mit der angegebenen Nutzungsart überein, so dass eine Besichtigung erfolgen muss. Notwendige Änderungen können im Lageplan eingetragen werden.

Waldgrenzen sollten durch Freihalten von Bewuchs und Markieren der **Grenzsteine** deutlich gekennzeichnet werden. **Grenzpflöcke**, womöglich aus Aluminium, Kunststoff oder dauerhaftem Holz erleichtern das Auffinden der Grenzsteine.

Im Wald sind Besitzgrenzen häufig nicht genau bekannt, so dass es zu Streitigkeiten kommen kann. Für das Gericht gilt als Grenze nicht die Katastergrenze, sondern der letzte ruhende (unbestrittene) Besitzstand. Ausgenommen ist der neue Grenzkataster, bei dem die Grenzsteine rückvermessen werden.

Gibt es Grenzprobleme, sollten diese mit dem Nachbar möglichst einvernehmlich bereinigt und in weiterer Folge protokolliert werden.

Prozesskosten stehen vielfach in keinem vernünftigen Verhältnis zum Streitwert!

13.2.2 Baumartenanteil

Zur Charakterisierung eines Mischwaldes ist es notwendig, den Anteil der verschiedenen Baumarten anzugeben. Die Ermittlung kann entweder durch Auszählen oder Schätzen erfolgen.

Der prozentuelle Baumartenanteil wird durch Zählung oder Schätzung ermittelt und in Zehntel ausgedrückt.

Beispiel:
Ein Bestand, der sich aus 60 % Fichte, 20 % Tanne und 20 % Buche zusammensetzt, wird wie folgt beschrieben: 0,6 FI; 0,2 TA; 0,2 BU

Wenn ein Bestand nahezu ausschließlich nur eine Baumart umfasst, genügt es meist, nur die vorherrschende Baumart anzugeben.

13.2.3 Altersklassen

Die Altersbestimmung, die für die Beurteilung der durchschnittlichen Zuwachsleistung, den Gebrauch von Ertragstafeln, die Bestimmung der Standortgüte usw. notwendig ist, kann auf folgende Weise erfolgen:

- Abzählen der Astquirle, bei jüngeren Nadelbäumen möglich
- Abzählen der Jahresringe am Stock oder mit Hilfe des Zuwachsbohrers, am stehenden Baum möglich. Bei der Auszählung am Stock müssen der ermittelten Jahresringzahl bei einer Stockhöhe von etwa 0,3 m je nach Baumart ein bis zehn Jahre hinzugerechnet werden.
- Auswerten von Aufzeichnungen, bei Forstbetrieben mit Wirtschaftsbüchern
- Schätzen

Zum Zweck der Planung werden die Bäume nach ihrem Alter in folgende Altersklassen (zur Bestandsbeurteilung auch in größere Gruppen zusammenzufassen) eingeteilt:

- Altersklasse I : 1–20 Jahre
- Altersklasse II: 21–40 Jahre
- Altersklasse III: 41–60 Jahre
- Altersklasse IV: 61–80 Jahre
- Altersklasse V: 81–100 Jahre
- Altersklasse VI: 101–120 Jahre
- Altersklasse VII: 121–140 Jahre

13.2.4 Bestockungsgrad

Das Verhältnis der vorhandenen Stammgrundfläche eines Bestandes (Summe der Kreisfläche aller Einzelbäume) zur „idealen" Stammgrundfläche heißt Bestockungsgrad. Er wird geschätzt und in Zehntel der vollen Bestockung angegeben.

Der Bestockungsgrad ist das Verhältnis von stockender (stehender) Holzmasse zur Ertragstafelmasse. Er wird geschätzt und in Zehntel der vollen Bestockung angegeben.

Baumart	Holzwachstum				
	Sehr gut	Gut	Mittel	Schlecht	Sehr schlecht
	Mittlere Baumhöhe in Metern im 100-jährigen Alter				
Fichte	über 29	26–29	22–26	17–22	unter 17
Weißkiefer	über 26	22–26	18–22	13–18	unter 13
Lärche	über 30	27–30	22–27	18–22	unter 18
Buche und sonstige Laubbäume außer Eiche	über 31	28–31	24–28	20–24	unter 20

Beispiel:
In einem Bestand wurde die Bestockung mit 70 % der idealen Bestockung geschätzt. Der Bestockungsgrad beträgt 0,7.

13.2.5 Standortgüte

Einen Hinweis auf die Standortgüte geben Bodenzusammensetzung und Bodenpflanzen (siehe S. 16–21). Da das Wachstum der Bäume sehr wesentlich vom Standort abhängt, kann auch aus der Baumhöhe in Kombination mit dem Baumalter auf die Güte (Bonität) rückgeschlossen werden. Die Bonität ist ein Maß für die Leistungsfähigkeit von Waldbeständen.

13.2.6 Holzvorrat

Stärkemessung beim stehenden Baum

Die Stärke wird beim stehenden Baum mit der Rinde bergseitig in **Brusthöhe (1,30 m über dem Boden)** gemessen. Der **Durchmesser** wird mit der **Messzange (Kluppe)**, der **Umfang** kann mit einem **Maßband** bzw. auch mit der Handspanne gemessen werden. Sowohl aus dem Durchmesser als auch aus dem Umfang lässt sich die sogenannte „Stammkreisfläche" berechnen, welche die Grundlage mathematischer Formeln zur Holzmassenermittlung bildet.

Die Stärke von stehenden Bäumen wird in 1,30 m Höhe gemessen (Brusthöhendurchmesser, BHD).

Höhenmessung beim stehenden Baum

Da eine direkte Messung der Baumhöhe kaum möglich ist, wird sie indirekt mit Höhenmessinstrumenten ermittelt. Annähernd richtige Ergebnisse lassen sich aber auch mit einfachen Hilfsmitteln (Metermaßstab, Dreieck usw.) erzielen.

Die Höhe von Bäumen wird indirekt mit Hilfsmitteln gemessen.

Steht kein Höhenmessgerät zur Verfügung, kann man sich mit folgenden Methoden behelfen:

Baum in 2,3 oder 4 m Höhe gut sichtbar markieren (z. B. Farbe, angelegte Messlatte). Je höher, desto besser, da die Messung genauer wird.

Auf einem Metermaßstab die Meterhöhe der Baummarke in cm markieren (z. B. überkleben). Etwa in eineinhalbfacher Baumhöhe vom Baum entfernt mit lotrecht gehaltenem Metermaßstab

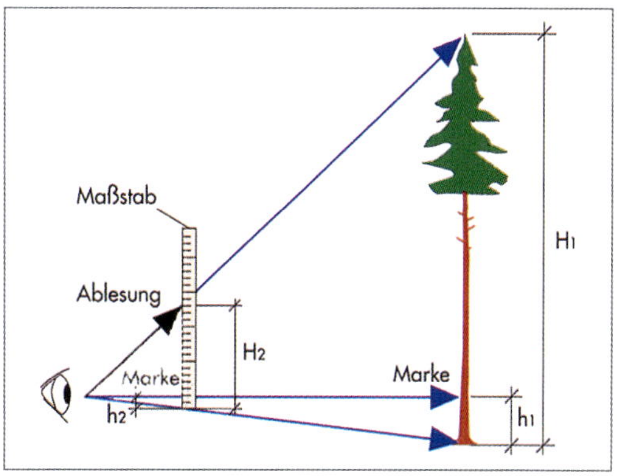

Messung der Baumhöhe mit einfachen Hilfsmitteln

Formzahltabelle

Baumart	Wachstumsstufe		
	Sehr gut/gut	Mittel	Schlecht/sehr schlecht
Fichte	0,45–0,47	0,47–0,48	0,49–0,51
Tanne	0,46–0,49	0,49–0,51	0,50–0,52
Kiefer/Lärche	0,45–0,46	0,45–0,46	0,47–0,48
Buche	0,50–0,51	0,48–0,49	0,47–0,48

den Baum so anvisieren, dass der Nullpunkt mit dem Stammfuß und die Marke am Maßstab mit der entsprechenden Baummarke übereinstimmen. Wo die Visierlinie vom Auge zum Wipfel den Maßstab berührt, liest man den Wert genau ab. Die abgelesenen cm entsprechen der Baumhöhe in m. Diese Art der Höhenmessung beruht, wie die Zeichnung auf S. 137 zeigt, auf dem Verhältnis h1 (m) : H1 (m) = h2 (cm) : H2 (cm)

Zehntelmethode

In einem Abstand von circa einer Baumlänge wird der Baum – am besten mit einem durchsichtigen 30 cm langen Lineal – anvisiert. Die Arme sollen möglichst gestreckt sein, der Stammfuß und der Baumwipfel müssen beim Durchsehen genau in die 30-cm-Skalierung passen. Nun schaut man, auf welcher Stelle am Stamm die 3-cm-(2-cm)-Markierung vom Lineal zu sehen ist. Diese wird (am besten mit Hilfe einer zweiten Person) markiert und deren Höhe (Abstand vom Stammfuß) gemessen. Durch das Multiplizieren mit dem Faktor 10 (15) wird mit Hilfe des sogenannten „Strahlensatzes“ die ungefähre Baumhöhe errechnet.

Massenermittlung beim einzelnen Baum

Der Rauminhalt (V) eines stehenden Baumes lässt sich aus der Stammkreisfläche in Brusthöhe (g), der Baumhöhe (h) und der Formzahl (f) wie folgt berechnet:

$\mathbf{V_{(vfm)} = G_{(m^2)} \times h_{(m)} \times f}$

Die **Formzahl** berücksichtigt die unterschiedliche Stammausbildung **(Voll- bzw. Abholzigkeit)** bei den verschiedenen Baumarten und Wachstumsstufen.

Mit den **Formzahlen** in der obenstehenden Tabelle kann gerechnet werden.

Eine **einfache Schätzformel** (nach DENZIN) zur Ermittlung des Stamminhaltes ist:

$\mathbf{V_{(vfm)} = BHD^2_{(cm)} : 1000}$

Diese Schätzformel gilt für Bäume mit einer Höhe von 25 m, für jeden Meter +/– müssen 3 % des Volumens +/– berücksichtigt werden.

Beispiel:

BHD = 50 cm, h = 28 m

50*50/1000 = 2,5 Vfm; + 9 % ~ 2,7 Vfm

Massenermittlung von Beständen mittels Vollkluppierung von Probeflächen

Die Erhebung einer Bestandesmasse ist besonders in ungleichmäßigen Beständen äußerst schwierig. **Jüngere Bestände** werden meist nach Ertragstafeln eingeschätzt. **Althölzer** werden entweder ebenfalls **eingeschätzt** oder **„gekluppt“**, wobei ihre Masse dann mit Hilfe von **Formzahlen** oder **Massentafeln** bzw. Ertragstafeln ermittelt wird.

Eine **relativ einfache Methode** zur Ermittlung der stehenden Holzmasse besteht darin, in einem kleinen Bestand alle Bäume bzw. in einem größeren Bestand die Bäume typischer Teilflächen (z. B. 50 x 50 m = 0,25 ha) zu kluppen. Dabei können die Bäume zu Stärkestufen (z. B. in 4-cm-Stufen) zusammengefasst und untergeordnete Baumarten zur Hauptbaumart dazugeschlagen werden. Die Höhenmessung erstreckt sich nicht auf alle Stämme, sondern nur auf ca. 3 bis 10 % der verschiedenen Stärkestufen, wobei möglichst mittlere Stämme herangezogen werden sollen.

Ermittlung der Bestandesgrundfläche									
BHD-Stufe (in cm)	Stammzahl je Baumart				Kreisfläche (qm)	Grundfläche je Baumart (Stammzahl*Kreisfläche)			
	FI	TA	BU			FI	TA	BU	
12 bis 15	///// / 6	///// /// 8	/ 1		0,014	0,09	0,11	0,01	
16 bis 19	///// ///// // 12	///// ///// / 11	// 2		0,024	0,29	0,26	0,05	
20 bis 23	///// ///// ///// 15	///// ///// //// 14	/ 1		0,036	0,54	0,51	0,04	
24 bis 27	///// ///// // 12	///// ///// ///// / 16	/ 1		0,051	0,61	0,82	0,05	
28 bis 31	/// 3	///// ///// / 11			0,068	0,21	0,75		
32 bis 35	// 2	///// / 6	/ 1		0,088	0,18	0,53	0,09	
36 bis 39		/// 3			0,110		0,33		
40 bis 43		// 2	/ 1		0,135		0,27	0,14	
44 bis 47		/ 1			0,163		0,16		
48 bis 51	/ 1		/ 1		0,192	0,19		0,19	
52 bis 55		/ 1			0,225		0,22		
56 bis 59					0,260				
60 bis 63		/ 1			0,297		0,30		
64 bis 67					0,337				
68 bis 71			/ 1		0,379			0,38	
72 bis 75					0,424				
(1) **Summe Bestandesgrundfläche** (qm)						2,11	4,27	0,94	

Ermittlung der Mittelhöhe				
	Baumart/Höhe (in m)			
	FI	TA	BU	
1.	21	22	23	
2.	23	22	23	
3.	23	22	23	
4.	14	22	23	
5.	23	22	23	
6.	23	22	23	
7.	23	22	23	
8.	12	22		
9.	12			
10.	11			
11.				
12.				
Summe	185	176	161	
Anzahl	10	8	7	
(2) **Mittelhöhe**	18,5	22	23	

Ermittlung der Bestandesgrundfläche				
Baumart	Bestandesgrundfläche (1)	Mittelhöhe (2)	Formzahl (3)	Bestandesmasse (1*2*3)
FI	2,11	18,5	0,48	18,70
TA	4,27	22	0,50	46,99
BU	0,94	23	0,47	10,22
Summe (vfm)				75,90

Aufnahmeblatt für die Massenermittlung eines Bestandes mittels Vollkluppierung einer Probefläche

Die **Berechnung der Holzmasse ganzer Bestände** erfolgt wie die der Masse des Einzelstammes nach der Formel g x h x f. An die Stelle der Kreisfläche des Einzelstammes (g) tritt die **Gesamtkreisfläche des Bestandes (G)**, die sich durch Addieren der Grundfläche der einzelnen Stärkestufen ergibt. Als **Baumhöhe** dient ein **Mittelwert** (hm = H). Die **mittlere Formzahl** (fm = F) wird Formzahltabellen (siehe S. 138) entnommen: $V_{(fm)}$ **= G x H x F**

Beispiel:
Gekluppte Fläche 50 x 50 m = 0,25 ha

Massenermittlung von Beständen mittels Winkelzählprobe (WZP)

Die Winkelzählprobe ist eine relativ einfache Möglichkeit der Vorratsermittlung am stehenden Bestand, da mit relativ geringem Erhebungsaufwand ein Ergebnis mit ausreichender Genauigkeit erzielt werden kann.
Wie schon im vorigen Kapitel erwähnt, kann der Vorrat eines Bestandes mit der Formel
$V_{(Vorrat)} = G_{(Bestandesgrundfl.)} \times F_{(Formzahl)} \times H_{(Bestandesmittelhöhe)}$
berechnet werden.

Bestandesmittelhöhe H: Höhenmessung eines Baumes mit durchschnittlichem Durchmesser (siehe Kapitel 13.2.6).
Formzahl F: siehe Formzahltabelle (S. 138)
Bestandesgrundfläche G: Die Bestandesgrundfläche kann mittels zwei einfacher Varianten ermittelt werden:

Variante 1: „Plättchenmethode“
Zur Durchführung dieser Variante benötigen Sie einen **Holzstab mit einer Länge von 1 m**. Auf der Vorderseite befestigen Sie mittig ein **quadrati-**

WZP mittels Plättchenmethode

sches Kartonplättchen mit einer Seitenlänge von 4 cm. Das Einhalten dieser Maße ergibt den **Zählfaktor 4.** Diesen Zählfaktor brauchen Sie nun, um die Grundfläche G im Bestand ermitteln zu können:

Stellen Sie sich auf einen **zufällig gewählten Platz** in dem zu ermittelnden Bestand und halten den Holzstab unter Ihrem Auge an (siehe Foto). Drehen Sie sich nun langsam im Kreis und zählen alle Bäume, die auf Brusthöhe (1,3 m) breiter erscheinen als das Stück Karton auf Ihrem Holzstab. **Jeder gezählte Baum repräsentiert nun 4 m² der Grundfläche G je Hektar.**

Beispiel:
11 gezählte Bäume mit dem Zählfaktor 4 ergeben eine Bestandesgrundfläche „G" von 44 m²/ha.

Variante 2: „Daumenmethode"
Vorgangsweise wie bei Variante 1, jedoch ersetzt bei dieser Variante die **persönliche Armlänge** (Distanz Auge zu Daumen) den Holzstab und die **persönliche Daumenbreite** das Stück Karton. Die Berechnung des **persönlichen Zählfaktors** erfolgt mit der Formel:
$k = (50 \times B : L)^2$

k = persönlicher Zählfaktor
B = Breite (Daumenbreite an der stärksten Stelle)
L = Länge (Distanz Auge zu Daumen mit durchgestreckten Arm)

Beispiel:
Daumenbreite 2,3 cm, Armlänge 58,2 cm ergibt Zählfaktor $k = (50 \times 2{,}3 : 58{,}2)^2 = 3{,}9$

Beispiel – ausgewertetes Aufnahmeblatt:
Formzahl F: Fichte = 0,45 Tanne = 0,47
Mittelhöhe H: Fichte = 30 m Tanne = 29 m
Bestandesfläche = 0,8 ha
(siehe untenstehende Abbildung)

Stichprobennummer: ____________

Zählfaktor:	3,9	k = (50 * B / L)²
Daumen- bzw. Plättchenbreite [cm] B:		2,3
Arm- bzw. Stablänge [cm] L:		58,2

Baumnummer	Baumart BA	Grundfläche G [m²/ha]	Baumnummer	Baumart BA	Grundfläche G [m²/ha]
1	Fichte	3,9	13		
2	Fichte	3,9	14		
3	Tanne	3,9	15		
4	Fichte	3,9	16		
5	Fichte	3,9	17		
6	Fichte	3,9	18		
7	Tanne	3,9	19		
8	Fichte	3,9	20		
9	Tanne	3,9	21		
10			22		
11			23		
12			24		

Summe	Grundfläche G [m²/ha]	gemessene Mittelhöhe H [m]	Formzahl F aus Tabelle	Volumen [Vfm/ha] = G x H x F
Baumart 1: Fichte	3,9 x 6 = 23,4	30	0,45	315,9
Baumart 2: Tanne	3,9 x 3 = 11,7	29	0,47	159,4
Baumart 3: ____________				
	Hektarvorrat [Vfm/ha] = BA 1 + BA 2 + BA 3			475,3
Bestandesfläche:	0,8	Bestandesvorrat: = Hektarvorrat x Bestandesfläche		380,2

Aufnahmeblatt für Winkelzählprobe (s. S. 160)

Stichproben	Anzahl Fichte	Anzahl Tanne
WZP 1	6	3
WZP 2	9	0
WZP 3	10	2
WZP 4	7	1
WZP 5	8	2
Mittlere Stammzahl	8	1,6
Mittlere Grundfläche (x Zählfaktor)	31,2 m²/ha	6,24 m²/ha
Hektarvorrat Fichte (G x F x H)	31,2 x 0,45 x 30	421,2
Hektarvorrat Tanne (G x F x H)	6,2 x 0,47 x 29	84,5
	Summe (Vfm/ha):	505,7
Bestandesvorrat (Hektarvorrat x Bestandesfläche)		404,6

Aufnahmeformular WZP (WZP-Stichprobe)

Damit ein genaueres Ergebnis erzielt wird, ist eine mehrmalige Durchführung der WZP im Bestand erforderlich (ca. vier bis sechs Stichproben/ha). Dabei kann es vorkommen, dass auf den jeweiligen Stichproben unterschiedliche Zählergebnisse entstehen. Um den Bestandesvorrat zu berechnen, ist es nun wichtig, die Mittelwerte der Grundflächen je Baumart zu ermitteln – siehe Tabelle links unten.

13.2.7 Holzzuwachs

Ein Wald lässt sich nur dann nachhaltig nutzen, wenn der Holzeinschlag dem Zuwachs an Holzmasse entspricht. Bei einer laufenden Nutzung (große Forstbetriebe, Plenterung) hängt daher der Jahresholzeinschlag von der Größe des durchschnittlichen Zuwachses ab.

> Der Holzzuwachs ist der eigentliche Naturalertrag des Waldes.

Der aus dem Höhen- und Stärkezuwachs ermittelte Massenzuwachs ist bei den einzelnen Baumarten verschieden. Lichtbaumarten auf gutem Standort, im Freistand und mit großem Wachstumsraum haben einen relativ frühen Höchstwert (z. B. Kiefer bereits ab 30 Jahren), während Schattbaumarten auf schlechtem Standort, unter starker Beschirmung und mit geringem Wachstumsraum den höchsten Zuwachswert (Kulmination) sehr spät erreichen (z. B. Buche erst mit ca. 130 Jahren).
Erfolgt bei Altbeständen kein nennenswerter Zuwachs mehr, sind sie zu nutzen.

> Der Zuwachs bestimmt den Zeitpunkt der Hiebsreife und damit die Umtriebszeit.

Einblick in den Stärkezuwachs von Bäumen ermöglicht die periodische Messung des Brusthöhendurchmessers oder die Zuwachsmessung mittels des Zuwachsbohrers.

13.2.8 Einfache Nutzungsplanung

Auch die Bewirtschaftung des Bauernwaldes mit meist aussetzender Nutzung sollte planvoll erfolgen.

> Ist kein Waldwirtschaftsplan vorhanden, sollte man selbst eine Waldkarte anfertigen und eine einfache Nutzungsplanung vornehmen.

Dabei werden zumindest die wichtigsten Daten über den Waldzustand erhoben und Art, Umfang und Zeitpunkt der künftigen Waldnutzung festgelegt.

Pflegemaßnahmen

Grundsätzlich kann mit **folgenden Arbeiten** gerechnet werden:

- **Jährliche Pflegearbeiten in Kulturen** (Schutzmaßnahmen, Unkrautbekämpfung usw.)
- **Alle drei bis fünf Jahre Pflegearbeiten in größeren Kulturen** und in Jungwüchsen (Entfernen von Konkurrenzvegetation, Protzenentnahme, Stammzahlreduktion usw.)
- Im **Abstand von fünf bis zehn Jahren Durchforstung** (nach Standort, Wuchs und Bestandsaufbau)

Für Pflegemaßnahmen gilt folgende **Dringlichkeitsreihe**:
- Jungwuchs vor Stangen- und Baumholz
- Labile Bestände vor stabilen Beständen
- Jüngere Bestände vor älteren Beständen
- Gemischte Bestände vor Reinbeständen
- Wertleistungsfähige Baumarten vor Massenbaumarten

Durch Zusammenfassung der einzelnen Pflegemaßnahmen nach Umfang und Dringlichkeit erhält man einen Überblick über die in den nächsten Jahren notwendigen Arbeiten und den zu erwartenden Aufwand.

Vor- und Endnutzung

Ein Maßstab für die nachhaltig jährlich zu entnehmende Holzmenge ist der **Hiebsatz**. Er umfasst den Vornutzungshiebsatz (Durchforstung) und Endnutzungshiebsatz. Der **Endnutzungshiebsatz im Altersklassenwald** lässt sich bei ausgeglichenem Altersaufbau und annähernd

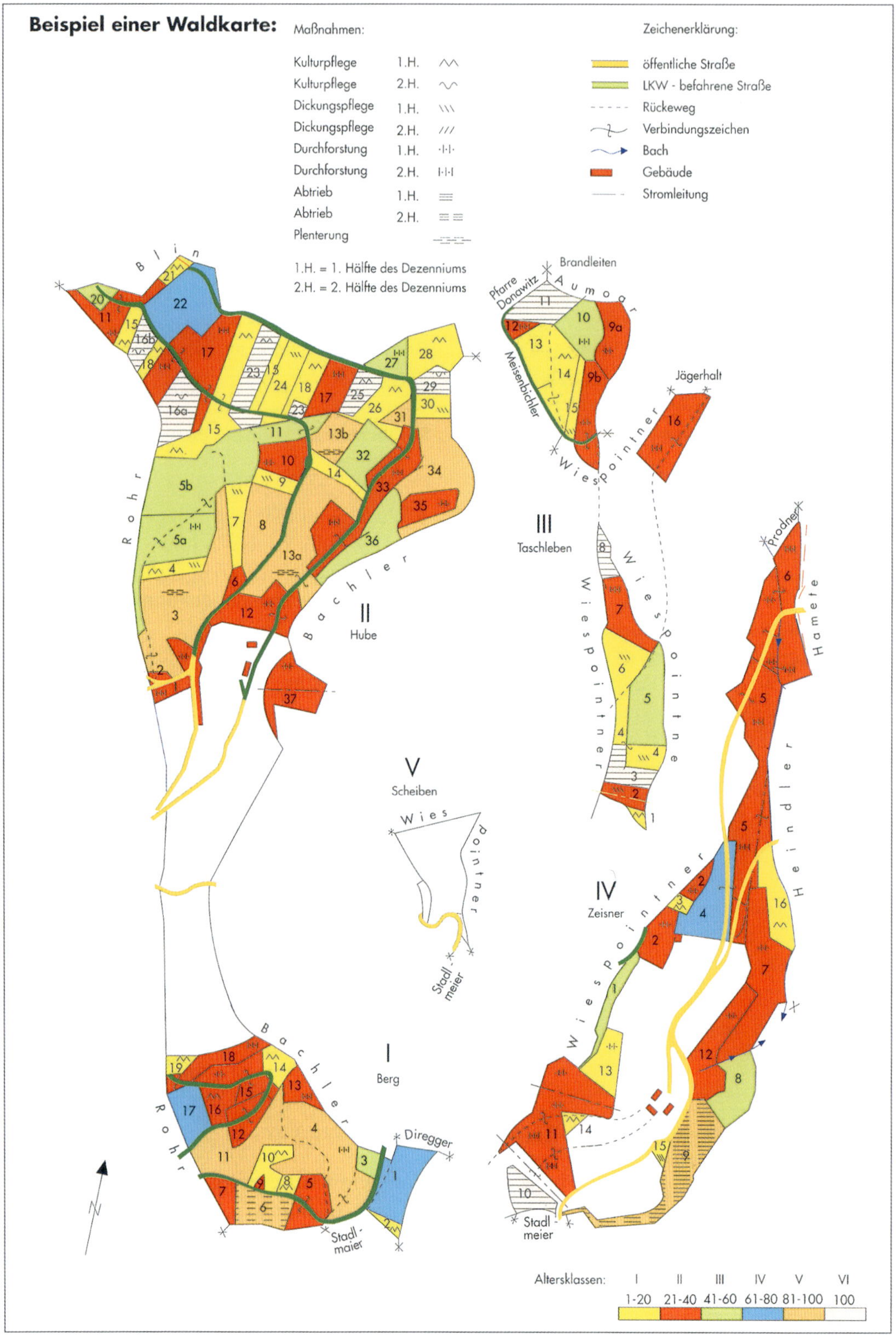

Beispiel einer Waldkarte

gleicher Bonität in allen Altersklassen wie folgt berechnen:

$$\frac{\text{Waldfläche (ha)}}{\text{Umtriebszeit (Jahre)}} \times \text{Durchschnittlicher Holzvorrat der Altersklassen, die älter als die Umtriebszeit abzüglich 20 Jahre sind} = \text{Jahreshiebsatz (vfm)}$$

Im Plenterwald wird für die Endnutzung häufig eine „Zielstärke" der Stämme festgelegt, ab der sie geschlägert werden.

Durch die Endnutzung erst ab einem bestimmten Stammdurchmesser wird verhindert, dass aus dem Plenterwald ein „Plünderwald" wird.

Der **Vornutzungshiebsatz** kann je nach Bestand mit 20 bis 40 % des Endnutzungshiebsatzes angenommen werden.

Bei der Festlegung von Jahr und Umfang der tatsächlichen Endnutzung sind auch Holzpreis, Rückstand bei Pflegedurchforstungen, Abbau von Altholzüberhang und dgl. zu berücksichtigen.

Kontrolle

Verbunden mit der Planung der Waldbewirtschaftung sollte die Kontrolle der vorgesehenen Maßnahmen auf ihre Durchführung sein.

13.2.9 Waldkarte

Bestandteil jeder Planung sollte eine Waldkarte mit einer Darstellung des Waldbesitzes, der Bestände (möglichst durch Farbe in Altersklassen getrennt) sowie weiterer wichtiger Merkmale (Straße, Blöße usw.) sein.

In die Karte können auch verschiedene Planungsmaßnahmen für einzelne Bestände eingezeichnet werden.

Je nach Wunsch und Intensität der Bewirtschaftung gibt es mehrere Möglichkeiten für eine kartenmäßige Darstellung:

- Die einfachste Form ist ein Lageplan mit den darin eingezeichneten Beständen und einer entsprechenden Färbung.
- Wird die Waldfläche vermessen, so kann mit den Vermessungsdaten eine Karte gezeichnet werden.

Heute werden Karten vielfach vom Computer, der mit den jeweiligen Daten versorgt ist, gezeichnet.

Eine weitere Form der Darstellung ist das Orthophoto, ein auf Kartenmaßstab gebrachtes Luftbild. Daraus können durch erkennbare Bestandes- oder Baumartenunterschiede Bestände festgelegt und deren Flächen bestimmt werden.

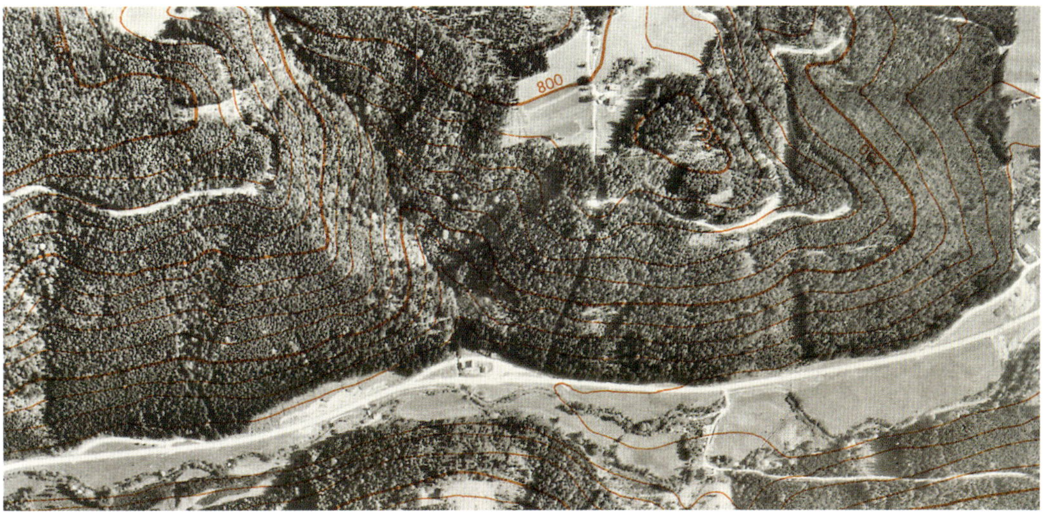

Orthophoto 1 : 5000 mit Höhenschichtlinien

13.3 BETRIEBSZWEIG WALD

Die österreichische Forstwirtschaft ist aufgrund ihres hohen Anteils an Bauernwald auf das engste mit der Landwirtschaft verbunden. Etwa zwei Drittel aller Betriebe mit mehr als 5 ha landwirtschaftlicher Nutzfläche besitzen auch Wald. In bäuerlichen Betrieben muss sich der Wald als **gleichberechtigter Betriebszweig** neben anderen Betriebszweigen in das Gesamtbetriebsgeschehen einordnen.

Ein landwirtschaftlicher Betrieb, der über bestockten Wald verfügt, ist in der Regel finanziell leistungsfähiger und krisenfester.

Der Betriebszweig Wald erfüllt im Rahmen der bäuerlichen Betriebswirtschaft verschiedene Funktionen. So kann er den **Eigenbedarf** an Bau- und Brennholz bzw. sonstigem Wirtschaftsholz für Zäune und dgl. decken. Die Bedeutung dieser Funktionen hat allerdings abgenommen, da heute markt- und geldwirtschaftliche Überlegungen vielfach gegen diese Art der Nutzung sprechen. Von größter Bedeutung ist der **Geldertrag** des Waldes, der in erster Linie aus der Holznutzung (End- und Vornutzung) stammt. Gewisse Einnahmen können aber auch aus seiner Nebennutzung (Christbäume, Waldpädagogik usw.) erreicht werden. Eine laufende Holznutzung des Waldes und damit regelmäßige Einnahmen lassen sich allerdings erst ab einer bestimmten Waldgröße erzielen. Bei aussetzender Nutzung erfüllt der Bauernwald in gewisser Weise die Funktion einer **Sparkassa**, da sich das Waldkapital aufgrund des Zuwachses vermehrt. Die so angesparten Walderträge können dann bei Bedarf entnommen werden.

Eine weitere Einkommensmöglichkeit stellt auch die Arbeit in fremden Waldbetrieben dar („**Bauernakkord**“).

13.3.1 Merkmale

Der Wald weist als **Betriebszweig** einige wesentliche Merkmale auf:

- Langer Produktionszeitraum durch lange Umtriebszeit
- Relativ freie, von der Jahreszeit unabhängige Arbeitsgestaltung
- Geringer Festkostenanteil, da weniger Investitionen notwendig sind
- Keine staatliche Regelung der Holzpreise
- Keine Kontingentierung der Produktion
- Arbeitsextensiv im Verhältnis zu anderen Arbeiten in der Landwirtschaft
- Geldaufwand je Hektar gering
- Einkommen des Bauern, der die Waldarbeit selbst ausführt, erreicht bis zu 70 % des Rohertrages

13.3.2 Forstliche Leistungsdaten

Siehe Tabellen auf den folgenden Seiten.

13.3.3 Variable Kosten

Variable Kosten verursachen im Wesentlichen die Maschinen- und Materialkosten der Aufforstung, Kulturpflege, Durchforstung, Wegerhaltung und Endnutzung. Wird die Arbeit nicht selbst ausgeführt, kommen noch Arbeitskosten dazu.

Sowohl Kosten als auch Erlöse hängen stark von der Leistungsfähigkeit des Waldes ab; das Verhältnis wird umso günstiger, je besser der Standort und je höher die Wuchsleistung ist.

13.3.4 Deckungsbeitrag

Der Deckungsbeitrag ist ein Beitrag zur Abdeckung der Fixkosten eines Betriebes (z. B. Steuern, Versicherungen, Abschreibungen ...). Je höher dieser Beitrag ist, desto besser können die Fixkosten eines Betriebes abgedeckt werden.

Auf den Hektar umgerechnet ist der Deckungsbeitrag im Vergleich zu landwirtschaftlichen Betriebszweigen relativ gering.

Bei der Vollkostenrechnung, bei der auch die Fixkosten mitberücksichtigt werden, ändert sich das Verhältnis zugunsten des Waldes, da dieser eine geringe Fixkostenbelastung aufweist.

Der Deckungsbeitrag je Arbeitskraftstunde ist bei Eigenarbeit im Vergleich zu landwirtschaftlichen Betriebszweigen hoch. Waldarbeit sollte daher grundsätzlich selbst ausgeführt und nicht vergeben werden.

Die Tabellen mit den forstlichen Leistungsdaten (Seite 145 bis 148) können vor allem zur Kalkulation von Arbeitseinsätzen im Wald dienen und somit beim Treffen von ökonomisch richtigen Entscheidungen bei forstlichen Maßnahmen helfen.

			Zeitaufwand (Std.)		
Arbeitsaufgabe	Arbeitsmethode/ Betriebsmittel	Einheit	Mensch	Maschine	Anmerkung
Pflanzung					
Lochpflanzung	Einzelarbeit mit Spaten oder Pflanzhaue	100 Stk.	2,5–3,5		Gute Arbeitsbedingungen hinsichtlich Boden, Durchwurzelung, Bewuchs
Containerpflanzung	Einzelarbeit mit Setzwerkzeug	100 Stk.	1,2–1,6		Zuzüglich Zeitbedarf für Pflanzentransport
Jungwuchspflege					
Ganzflächiges Ausmähen von Kulturen	Einzelarbeit mit Sense	1 ha	30–70		Krautige Pflanzen < 60 cm
	Einzelarbeit mt Motorsense		20–30	15–20	(Gräser, Farn, Brombeeren
Freischneiden von Einzelpflanzen	Einzelarbeit mit Motorsensen	1 ha	15–35	10–22	Freizustellende Pflanzen sichtbar Etwa 3000 Stk./ha
Verbiss- und Fegeschutz					
Einzelschutz Spritzen	Einzelarbeit mit Rückenspritze und Dosierventil	1 ha	6–14	6–14	Inkl. Rüstzeit
Streichen	Einzelarbeit mit Handschuh oder Handwerkzeug/Streichgerät	1 ha	10–20	10–20	
Ausbringung von mechanischem Einzelschutz (Verbissschutzkappe, -manschette, Schafwolle	Einzelarbeit	1 ha	10–20		
Fegeschutzspirale	Einzelarbeit	100 Stk.	3		
Chemischer Fegeschutz			0,5		
Drahtkorb			8		An Holzpfahl (h = 1,2 m)
Schälschutz					
Aufbringen eines Schälschutzes im Streichverfahren	Einzelarbeit	100 Stk.	8,8		Stamm muss im unteren Stammbereich astfrei sein

			Zeitaufwand (Std.)		
Arbeitsaufgabe	Arbeitsmethode/ Betriebsmittel	Einheit	Mensch	Maschine	Anmerkung
Stammzahlreduktion – Mischungsregulierung					
Pflege von FI-Naturverjüngungen	Einzelarbeit mit Handwerkzeugen	1 ha	40–80		Stammdurchmesser des ausscheidenden Bestandes < 4 cm
h < 2,0 m Ausgangsstammzahl 5.000–60.000	Einzelarbeit mit Freischneider		30–60	15–45	
Pflege von Laubholz Naturverjüngungen (Qualifizierung)	Einzelarbeit mit Handwerkzeugen	1 ha	60–90		
Dickungs- und Stangenholzpflege					
Anlage von Pflegegassen (1–2 m breit)	Einzelarbeit mit leichter Motorsäge oder Freischneider	100 lfm	2,0–4,0	1,5–3,0	Bestandeshöhe < 2 m
Stammzahlreduktion von FI-Naturverjüngungen	Einzelarbeit mit leichter Motorsäge oder Freischneider	1 ha			
Bestandeshöhe > 2–5 m			30–50	23–38	als Folgemaßnahme
Bestandeshöhe > 5–8 m			50–80	38–60	
Stammzahlreduktion von Nadelholzaufforstungen	Einzelarbeit mit leichter Motorsäge oder Freischneider	1 ha			
Bestandeshöhe > 2–5 m			20–30	15–23	
Bestandeshöhe > 5–8 m			30–60	23–45	
Stammzahlreduktion von Laubholz	Einzelarbeit mit leichter Motorsäge oder Freischneider	1 ha			
Bestandeshöhe > 2–5 m			25–30	20	
Bestandeshöhe > 5–8 m			30–40	23–30	
Pflege von Laubholz, Formschnitt an Z-Stammkandidaten, Behandlung von Bedrängern	Einzelarbeit mit Handwerkzeugen und leichter Motorsäge	100 Stk.	14–20	5–7	Maßnahme auf Zielbestockung orientiert

Arbeitsaufgabe	Arbeitsverfahren/ Betriebsmittel	Durchschnittliche Systemleistung in FMM/ Std. in Abhängigkeit des Holzdurchmessers (BHD in cm)					Anmerkungen
BHD		15	25	35	45	55	
Masse je Stamm (FMM)		0,10	0,40	1,10	1,90	2,80	
Fällung und Aufarbeitung von Nadelholz	Motorman. Sortimentverfahren	0,6	1,3	2,0	2,7	3,7	
Überdurchschnittliche Beastung		0,4	1,0	1,5	2,1	3,1	
Fällung und Aufarbeitung von Nadelholz	Motorman. Stammverfahren	0,6	1,5	2,4	3,4	4,6	
Überdurchschnittliche Beastung		0,4	1,1	1,8	2,6	3,7	
Fällung von Nadelholz	Motorman. Baumverfahren (geschlossene Arbeitskette)	2,7	5,4	9,5	12,0	15,0	Leistung abh. von Folgegeräten
Fällung, Aufarbeitung von Laubholz	Motorman. Stammverfahren	1,3	2,6	4,9	6,7	7,2	abh. von Schaft- und Kronenform
Händische Lieferung von 2–6 m langen, entrindeten Blochen je 50 m Entfernung	Zusammenbringen mit Sappel				1,0		Leistung abh. von Geländeform/-neigung und Witterungsverhältnissen
Händische Lieferung	Log-Line	2,2	3,2				Rückegerechte Vorbereitung
Rückung von Nadelholzsortimenten	Landwirtschaftlicher Schlepper/Anbauwinde/Forstausrüstung	2,5	3,0	3,6	4,3	5,2	Rückung bis zur Forststraße Auf Rückegassen, Rückedistanz bis 150 m, Zuzug bis 15 m, durschnittl. Boden- und Neigungsverhältnisse
Rückung von Nadelholzsortimenten	Windenknickschlepper bis 100 kW	4,5	7,3	8,4	11,2		
Rückung von Nadelholz im Stammverfahren	Windenknickschlepper über 100 kW			8,8–17,0			Leistung abh. von Befahrbarkeit und technischer Ausstattung (Doppeltrommel, Funkfernsteuerung)
Rückung von Nadelholz im Baumverfahren	Windenknickschlepper über 100 kW			10,0–16,0			
Rückung von Nadelholzsortimenten	Traktor mit Krananhänger	4,3	6,6	8,2			Leistung abh. von Triebaggregat, Bauart, Ladekapazität, Antrieb

Arbeitsaufgabe	Arbeitsverfahren/ Betriebsmittel	Durchschnittliche Systemleistung in FMM/ Std. in Abhängigkeit des Holzdurchmessers (BHD in cm)					Anmerkungen
Rückung von Nadelholzsortimenten	Forwarder						Nutzlast bis 12 t, krangerechte Lagerung der Sortimente, Anzahl der Sortimente leistungsbestimmend
	Rückedistanz 400 m			8,8	13,3	16,3	
	Rückedistanz 600 m			8,4	12,6	15,8	
	Rückedistanz 800 m			7,8	11,5	15,0	
Vorrückung von Nadelholzsortimenten	Pferd	2,5	3,5	4,5			Vorrückedistanz bis 50 m
Vollmechanisierte Fällung und Aufarbeitung	Radharvester						Optimale Arbeitsvorbereitung
	bis 140 kW (Eigengewicht bis 15 t)	4,2–12,5					Rückegassenabstand 20 m
	› 140 kW (Eigengewicht über 15 t)			9,0–28,0			bis 35 % Geländeneigung
Vollmechanisierte Fällung und Aufarbeitung	Raupenharvester						Bis 50 % Geländeneigung, Leistung abhängig von Befahrbeikeit und Eingriffstärke
	bis 140 kW (Eigengewicht bis 15 t)	4,0	8,1	12,5			
	› 140 kW (Eigengewicht über 15 t)			9,0	16,8	24,2	
Hacken von Energieholz	Großhacker am Lagerplatz		50–80				Durchschn. 160 Srm/Std. mit Kranbeschickung
	Hacker – Anhängeraufbau	25–30					Durchschn. 70 Srm/Std.

13.3.5 Entlohnung

Die Bezahlung von Forstarbeitern für Schlägerungsarbeiten kann mittels **Stundenlohn**, **Akkordlohn** oder **Prämienlohn** erfolgen.

Stundenlohn = Zeitlohn
Akkordlohn = Leistungslohn
Prämienlohn = Erfolgslohn

Bei der Anwendung des Stundenlohnsystems (Zeitlohn) ergibt sich der Vorteil eines verständlichen und kalkulierbaren Entgelts. Durch dieses Entlohnungssystem wird aber kein Anreiz zu einer höheren Leistung geschaffen, jedoch kann ein durch Hast und Eile entstehendes Arbeitsrisiko, vor allem bei gefährlichen Arbeiten, vermindert werden.

Schwere Arbeiten, wie die **Aufarbeitung von Katastrophenhölzern**, werden meist **nach Zeit entlohnt**.

Für den überwiegenden Teil der Schlägerungsarbeiten wird ein **Akkordlohn** ausbezahlt.

Dieser Leistungslohn hat den Vorteil, dass er zu höheren Verdiensten und auch besserer Produktivität führt. Für bestimmte Arbeiten, z. B. Entfernung von Überhältern aus Verjüngungen, kann – als Anreiz für eine sorgfältig durchgeführte Arbeit – eine **Prämie** bezahlt werden.

Der voraussichtliche **Stundenaufwand** für die Schlägerung eines fm Holzes kann **Richtwerttafeln** oder Leistungstafeln (siehe Kapitel 13.3.2) für die Waldarbeit entnommen werden. Verschiedene Arbeitsumstände, wie Jahreszeit, Gelände, Bodenbeschaffenheit, Stärke, Länge und Astigkeit der Bäume, Ausformung usw., sind dabei möglichst zu erfassen. Sie wirken auf die Arbeit erschwerend und werden deshalb in den Tafeln durch Zeitzuschläge berücksichtigt. Ermittelt wird der **Zeitaufwand pro Festmeter**.

Will man den Akkordlohn errechnen, so muss man den **Zeitaufwand mit dem Stundensatz der Lohnkosten multiplizieren**.

Akkordrichtsatz = Zeitlohn + etwa 25 %
Akkordlohn = Arbeitsstunden je Festmeter x Stundensatz der Lohnkosten

Der **Arbeitsverdienst** eines Forstarbeiters bei der Schlägerung mit der Motorsäge setzt sich aus dem **Akkordlohn** zuzüglich – sofern vom Dienstgeber keine Motorsäge bereitgestellt wird – einer **Werkzeugpauschale**, einem **Zuschlag** für die **eigene Motorsäge** und einem **Instandsetzungsbeitrag** zusammen.

Die Höhe der Löhne, Pauschalen und Zuschläge sind im Kollektivvertrag für Forstarbeiter, veröffentlicht durch die Landarbeiterkammer Österreich, festgelegt.

13.3.6 Betriebsaufzeichnungen

Jeder unternehmerisch geführte Betrieb soll in gewissen Zeitabständen die Nutzung seiner Ressourcen, wie Boden und Arbeitskräfte, überprüfen. Dies gilt ganz besonders in Zeiten rasch wechselnder wirtschaftlicher Rahmenbedingungen.

Die beste Grundlage für Entscheidungen sind Aufzeichnungen aus dem eigenen Betrieb.

Als Grundlage für die Führung dieser Aufzeichnungen ist die detaillierte Kenntnis des Waldzustandes zwar nicht unbedingt Voraussetzung, aber um die aus den Aufzeichnungen gewonnenen Erkenntnisse nutzbringend anwenden und untereinander vergleichen zu können, ist unbedingt ein Bezug zum Bestand, in dem die Arbeiten erfolgen, herzustellen.

Am besten eignet sich dafür ein **aktueller Waldwirtschaftsplan**. Zweck der Arbeitsaufzeichnungen soll sein, aussagekräftige Daten über die Waldwirtschaft in möglichst einfacher Form zu erhalten. Man muss sich im Klaren sein, dass **die Aussagekraft mit der Genauigkeit und mit der Dauer der Aufzeichnungen steigt**.

Eine mögliche Unterteilung wäre in die Bereiche Holzernte (End- und Vornutzung, Schlägerung und Rückung), Waldbau (z. B. Aufforstung, Kultursicherung, Dickungspflege, Forstschutz ...) und sonstige Maßnahmen (Weiterbildung, Wegerhaltung, Abrechnungen ...).

Erst die Kenntnis der Arbeitszeit in den Teilbereichen lässt eine vergleichbare Deckungsbeitragsrechnung für den eigenen Betrieb zu.

13.4 ÜBERBETRIEBLICHE ZUSAMMENARBEIT

Die Forstwirtschaft verlangt aufgrund ihrer besonderen Gegebenheiten größere Bewirtschaftungsflächen als die Landwirtschaft. Der bäuerliche Waldbesitz ist aber durch kleine Waldparzellen gekennzeichnet, was nicht nur seine Bewirtschaftung, sondern auch die Vermarktung des Holzes erschwert.

Durch eine **überbetriebliche Zusammenarbeit** (z. B. Waldwirtschaftsgemeinschaften – WWG) lassen sich diese Nachteile aus folgenden Gründen teilweise wettmachen:

- Der Waldbau beginnt beim Wegebau. **Forstaufschließungswege** lassen sich teilweise überhaupt nur als **Gemeinschaftsprojekte** verwirklichen.
- **Forstliche Spezialmaschinen** (Seilwinden, Seilkräne, sonstige Holzrücke- und Transportmaschinen, Dünge- und Forstschutzgeräte), die für die Einzelanschaffung meist zu teuer sind, können genutzt werden.
- Der **verbilligte Einkauf** von Dünge- und Forstschutzmitteln und anderem Forstbedarf bringt finanzielle Erleichterungen.
- Durch **gemeinsame Vermarktung** lassen sich die Holzprodukte sicherer verkaufen und bessere Holzpreise erzielen.
- Der Einsatz von **forstlichen Fachkräften** wird ermöglicht.
- Im Zeichen des Einmannbetriebes in der Landwirtschaft muss die Arbeit im Wald immer häufiger an betriebsfremde Waldarbeiter (z. B. Bauernakkordanten) vergeben werden. Daher kann durch die Waldarbeit auch dem Kleinbauern ein dauerhafter Nebenerwerb ermöglicht werden.

Durch überbetriebliche Zusammenarbeit in der Forstwirtschaft lässt sich die Rentabilität von Kleinwaldungen erhöhen!

FRAGEN ZUM KAPITEL

1. Worin unterscheidet sich der Wald von anderen Betriebszweigen des bäuerlichen Betriebes?
2. Wie sollen Waldgrenzen gekennzeichnet werden?
3. Falls es Grenzprobleme gibt, was soll zuerst versucht werden?
4. Gilt bei Streitigkeiten die Katastergrenze vor Gericht als gültige Grenze?
5. Wie wird der prozentuelle Baumartenanteil ermittelt und ausgedrückt?
6. Auf welche Weise kann die Altersbestimmung erfolgen?
7. Welche Merkmale geben Hinweise auf die Standortsgüte?
8. Wo wird beim stehenden Baum die Stärke gemessen?
9. Nennen und erklären Sie die Formel zur Berechnung des Volumens (V) eines stehenden Baumes.
10. Wie lautet die Schätzformel nach „Denzin"?
11. Was ist der „Hiebsatz"?
12. Was ist ein „Orthofoto"?
13. Welche Merkmale weist der „Betriebszweig Wald" auf?
14. Welche Arten der Entlohnung gibt es bei der Waldarbeit?
15. Welche Vorteile ergeben sich durch die überbetriebliche Zusammenarbeit?

14. FORSTRECHT

Der Wald steht in Österreich seit langem unter gesetzlichem Schutz. Im Mittelalter regelten Waldordnungen Bewirtschaftungsmaßnahmen zur Sicherung des Holzes für Bergbau, Salinenbetriebe und Hüttenwerke. Im Reichsforstgesetz 1852 kamen Grundsätze für die Erhaltung seiner Schutz- und Wohlfahrtswirkung hinzu. Mit dem im Jahre 1975 vom Nationalrat beschlossenen und 2002 novellierten österreichischen Forstgesetz erhielt die Waldbewirtschaftung eine neue Rechtsgrundlage. Hauptziel des Forstgesetzes ist die nachhaltige Sicherung der vier Wirkungen des Waldes. Neben dem Forstgesetz des Bundes regeln auch Landesgesetze mit dem Wald in Zusammenhang stehende Bereiche (z. B. Aufforstung landwirtschaftlicher Grundstücke, Naturschutz, Jagd usw.).

14.1 FORSTGESETZ

Das Forstgesetz regelt insbesonders:

- **Rechtliche Stellung** des Waldes
- **Forstliche Raumplanung**
- **Erhaltung des Waldes** und Nachhaltigkeit seiner Wirkung (Wiederbewaldung, Waldverwüstung, Rodung, Schutz- und Bannwälder, Benützung zu Erholungszwecken, Nebennutzungen)
- **Forstschutz** (Waldbrand, Forstschädlinge, Luftverunreinigung)
- **Bringung** (zu Land, Wasser und über fremden Grund, Bringungsgenossenschaften)
- **Nutzung der Wälder** (Nutzungsbeschränkungen, Überwachung der Fällung)
- **Forstpersonal** (Forstorgane, Forstfachschule, Forstliche Ausbildungsstätten)
- **Forstliche Förderung**
- **Forststrafen**

Die Vollziehung des Forstgesetzes obliegt in Bezug auf die Waldbewirtschaftung in erster Instanz den **Bezirkshauptmannschaften** und deren **Bezirksforstinspektionen**.

14.2 FORSTFÖRDERUNG

Das Forstgesetz regelt die forstliche Förderung durch den Bund. Ziele der Förderung sind:

- **Verbesserung der Nutzwirkung des Waldes** (Strukturverbesserung, Errichtung von Bringungsanlagen, Sanierung geschädigter Wälder usw.)
- **Erhaltung und Verbesserung der Schutz-, Wohlfahrts- und Erholungswirkung des Waldes** (Schutzwaldsanierung usw.)

Die näheren Förderungsbedingungen werden in Richtlinien festgelegt. Neben dem Bund und der EU fördern auch die Bundesländer die Forstwirtschaft als notwendige Ergänzung zu den Bundesmitteln bzw. nach eigenen Richtlinien. Förderungsstellen sind Bezirksforstinspektionen und die Bezirksbauernkammern.

14.3 WICHTIGE FORSTRECHTLICHE BESTIMMUNGEN

Für die Bewirtschaftung des Bauernwaldes sind vor allem folgende Rechtsnormen wichtig:

Walddefinition

Wald sind alle Flächen, die mit **forstlichen Baumarten** (sind im Forstgesetz aufgezählt) **bestockt** und größer als 1.000 m² bei einer durchschnittlichen Breite von mind. 10 m sind. Ebenso als Waldflächen gelten **Windschutzstreifen** sowie die **Kampfzone** des Waldes. Grünflächen, die bisher nicht Wald waren und aufgeforstet werden, gelten nach zehn Jahren als Wald. Handelt es sich um einen natürlichen Anflug, so zählen sie zur Kulturgattung Wald, wenn eine Höhe des Bewuchses von 3 m und eine Überschirmung von 50 % erreicht ist. **Nicht als Wald gelten Kurzumtriebsflächen** (z. B. Energieholzanlagen, Christbaumkulturen, Kastanienplantagen), wenn sie

- nicht auf Waldboden angelegt sind,
- innerhalb von 30 Jahren einmal genutzt werden,
- innerhalb von 10 Jahren nach Errichtung der Anlage bei der Behörde angemeldet werden.

Rodungen

Die **Verwendung von Waldflächen zu anderen Zwecken** (Rodung) ist **verboten** (Bauland, landw. Nutzung, Teiche etc.). Diese Rodungen sind nur dann möglich, wenn kein öffentliches Interesse an der Walderhaltung besteht. Jede Rodung ist durch die zuständige Behörde zu begutachten. Für die Rodung von Waldflächen kleiner als **1.000 m²** besteht eine Meldepflicht, größere Rodungen bedürfen eines Bewilligungsverfahrens.

Waldverwüstung

Jede Waldverwüstung ist verboten. Sie liegt u. a. vor, wenn durch Handlungen oder Unterlassungen die Produktionskraft des Waldbodens wesentlich geschwächt oder vernichtet, der Waldboden einer Rutsch- oder Abtragungsgefahr ausgesetzt und Abfall (Gerümpel, Klärschlamm, Müll u. Ä.) abgelagert wird. Wurde Abfall im Wald festgestellt, so hat die Bezirkshauptmannschaft den Verursacher zu veranlassen, diesen zu entfernen. Ist dies nicht möglich, so fällt die Beseitigung des Abfalls der Gemeinde zu.

Objektschutzwald

Wälder, die der **Abwehr bestimmter Gefahren** von Menschen und menschlichen Einrichtungen dienen, wie z. B. zum Schutz vor Lawinen, Steinschlag, Erdrutschungen und Hochwasser, werden als Objektschutzwälder bezeichnet. Ein solcher Wald kann durch die Behörde zum **„Bannwald"** erklärt werden, wobei festgelegt wird, welche Maßnahmen im Bannwald zu ergreifen bzw. welche Handlungen zu unterlassen sind.

Standortschutzwald

Standortschutzwälder sind **Waldflächen auf gefährdeten Standorten,** wie z. B. Flugerdeböden, erosionsgefährdete Böden und Rutschhänge. Der Waldeigentümer ist verpflichtet, den Schutzwald so zu bewirtschaften, dass die Erhaltung der Bodenkraft und die Bestockung mit Bäumen und Sträuchern gewährleistet sind.

Biotopschutzwald

Als Biotopschutzwälder gelten **Wälder mit besonderen Lebensräumen** (Naturwaldreservate, Waldflächen im Nationalpark, Naturschutzgebiete u. Ä.).

Erholungswald

Zum Zwecke der Erholung von Menschen kann Wald zum „Erholungswald" erklärt werden. Sofern dem Eigentümer dadurch wirtschaftliche Nachteile entstehen, hat er Anspruch auf Entschädigung.

Waldteilung

Die Teilung von Waldgrundstücken ist verboten, wenn dadurch Parzellen entstehen, auf denen eine zweckmäßige Waldbewirtschaftung nicht mehr möglich ist.

Wiederbewaldung

Der Waldeigentümer hat Kahlflächen spätestens am Ende des fünften Jahres nach dem Entstehen der Kahlfläche mit **standorttauglichen Baumarten wiederzubewalden**. Standortgerechte Altbestände sollten möglichst naturverjüngt werden. Unterbleibt die Naturverjüngung oder ist sie mangelhaft, dann muss spätestens im zehnten Jahr nach der Schlägerung die Wiederbewaldung durch Saat oder Pflanzung durchgeführt werden. Die Wiederbewaldung kann behördlich erzwungen werden.

Neuaufforstung (Aufforstung von landwirtschaftlichen Flächen)

Die Aufforstung von landwirtschaftlichen Grundstücken ist anzeige- bzw. genehmigungspflichtig. Dabei muss ein bestimmter **Abstand vom landwirtschaftlich genutzten Nachbargrundstück frei bleiben**, der **bundesländerweise verschieden** ist. Zuständig für das Verfahren ist die Bezirkshauptmannschaft.

Wald an der Eigentumsgrenze

Wenn für den Nachbarwald die Gefahr des Windwurfes besteht, muss ein mindestens 40 m breiter Windmantel erhalten bleiben. Die pflegliche Einzelstammnutzung (Durchforstung) dieses Streifens ist gestattet. Hat der geschützte Bestand ein Alter erreicht, welches 30 Jahre über der gesetzlichen Altersgrenze der Hiebsunreife liegt (im Allgemeinen 60 + 30 = 90 Jahre), darf der Windmantel geschlägert werden, wenn der Eigentümer des geschützten Waldes nachweislich mindestens sechs Monate vor der Fällung davon verständigt wurde.

Hiebsunreife Hochwaldbestände (Nutzungsbeschränkung)

In **hiebsunreifen Hochwaldbeständen** sind **Kahlschläge** und die über das pflegliche Ausmaß hinausgehenden Einzelstammentnahmen, durch welche die Überschirmung (Schlussgrad) unter 50 % sinkt, **untersagt**.

Hiebsunreif sind:

- Pappel, Weide, Robinie unter zehn Jahren
- Erle, Birke unter 20 Jahren
- Douglasie, Weymouthskiefer, Küstentanne unter 40 Jahre
- Alle übrigen Baumarten unter 60 Jahren

Die Behörde darf Ausnahmebewilligungen erteilen.

Großkahlschläge

Kahlhiebe mit einer Ausdehnung von über 50 m Breite und mehr als 2 ha oder Schläge, deren Breite zwar unter 50 m bleibt, deren Länge jedoch mehr als 600 m beträgt, sind verboten. In besonderen Fällen kann die Behörde Ausnahmen gestatten.

Behördliche Überwachung der Fällung

Kahlschläge und Einzelstammentnahmen (Plenterungen) über das „bestandespflegliche Ausmaß" hinaus (weniger als 5 Zehntel der vollen Überschirmung) müssen **ab einer zusammenhängenden Fläche von mindestens 0,5 ha von der Behörde bewilligt** werden.

Betretungsrecht und Sperren

Jedermann darf den Wald zu Erholungszwecken betreten. Es gibt jedoch Ausschließungsmöglichkeiten, so z. B. das Betreten von Forstkulturen bis 3 m Höhe und von Holzlagerplätzen, das Zelten und Lagern bei Dunkelheit, das Reiten, Fahren und Schilaufen. Schlägerungsorte, Forststraßenbaustellen, Windwurfflächen u. Ä. können **mit einer Befristung von max. vier Monaten gesperrt** werden. Für die Sperre des Waldes müssen gesetzlich vorgeschriebene Tafeln verwendet werden (siehe nachfolgende Abbildung). Sofern solche Tafeln angebracht sind, wird bei einem Unfall nur für vorsätzliches Handeln gehaftet. Die Sperre von Waldgrundstücken über vier Monate hinaus bedarf der Genehmigung der Bezirkshauptmannschaft.

Waldbrandschutz

Im Wald und in der Nähe desselben ist das Anzünden von **Feuer durch nichtbefugte Personen verboten**. Dazu zählt auch das Wegwerfen von brennenden oder glimmenden Gegenständen, wie von Zündhölzern, Zigarettenstummeln und dgl. Das **beabsichtigte Schlagbrennen** ist der Gemeinde und der Feuerwehr **zu melden**. Wer im Wald ein unbeaufsichtigtes Feuer sieht, ist verpflichtet, es zu löschen. Ist dies nicht möglich, so hat er unverzüglich die nächste Brandmeldestelle zu informieren.

In Zeiten erhöhter Brandgefahr hat die Behörde für besonders waldbrandgefährdete Gebiete jegliches Feuerentzünden sowie das Rauchen im Wald zu verbieten. **Bei besonderer Gefahr** kann das **Betreten des Waldes** durch nicht an der Waldwirtschaft beteiligte Personen **verboten** werden.

Gesetzlich vorgeschriebene Sperrtafel

Forstschädlinge

Der Waldbesitzer hat **jede gefahrdrohende Vermehrung von Forstschädlingen** umgehend der Bezirkshauptmannschaft zu **melden**. Er hat in geeigneter, ihm zumutbarer Weise die **Schädlingsvermehrung zu bekämpfen** und ihrem Entstehen vorzubeugen. Dazu gehören u. a. das Fällen von befallenen Bäumen und ihr Bearbeiten in einer Form, so dass sie für die Forstschädlingsvermehrung ungeeignet sind (z. B. raschestes Entfernen aus dem Wald, Entrinden, chemische Bekämpfung).

Waldweide

Die Waldweide ist nur gestattet, wenn dadurch die Erhaltung des Waldes und seiner Funktionen nicht gefährdet ist. In zur Verjüngung bestimmten Waldteilen darf die Waldweide nicht durchgeführt werden. Sofern der Viehbetrieb eine solche Gefahr bedeutet, muss er auf zumutbaren Umwegen durchgeführt werden.

Forstliche Bringungsanlagen (Forststraßen)

Die **Planung** von Forststraßen und die **Bauaufsicht** beim forstlichen Wegebau darf nur **von forstlichem Fachpersonal** (Forstakademiker bzw. Förster) durchgeführt werden und muss **von der Forstbehörde genehmigt** werden.

Bringung über fremden Boden

Jeder Waldeigentümer oder Nutzungsberechtigte ist berechtigt, auf die mindestschädliche Weise Holz oder sonstige Forstprodukte über fremden Boden zu bringen und diese dort im Bedarfsfall vorübergehend auch zu lagern, sofern die Bringung (Lagerung) ohne Inanspruchnahme fremden Bodens nur mit unverhältnismäßigen Kosten oder überhaupt nicht möglich ist. Über die Notwendigkeit und die Art und Weise der Bringung hat, wenn hierüber zwischen den Parteien keine Einigung zustande kommt, auf Antrag einer Partei die Bezirkshauptmannschaft zu entscheiden.

Holzankauf in Bausch und Bogen (Überhappsverkauf)

Holzankaufsverträge in Bausch und Bogen sind im Hochwald verboten.

Strafausmaß

Zuwiderhandlung gegen die forstlichen Bestimmungen können mit einer Geldstrafe bis zu € 7.270,– oder mit Arrest bis zu vier Wochen sowie mit dem Verfall der Gegenstände, auf die sich die strafbare Handlung bezieht, geahndet werden.

Unkenntnis der forstrechtlichen Bestimmungen schützt nicht vor Strafe!

FRAGEN ZUM KAPITEL

1. Welche Flächen gelten als „Wald“ laut dem österreichischen Forstgesetz?
2. Was bedeutet der Begriff „Rodung“ im österreichischen Forstgesetz?
3. Ab welcher Flächengröße ist bei einer Rodung ein Bewilligungsverfahren nötig?
4. Wann liegt laut dem Forstgesetz eine „Waldverwüstung“ vor?
5. Was ist ein „Objektschutzwald“?
6. Was ist ein „Standortsschutzwald“?
7. Nach wie vielen Jahren muss eine Kahlfläche wiederbewaldet werden?
8. Ab welcher Flächengröße muss ein Kahlschlag von der Forstbehörde bewilligt werden?
9. Ab welchem Flächenausmaß sind Kahlschläge verboten?
10. Wer darf (und zu welchem Zweck) den Wald in Österreich betreten?
11. Welche Waldflächen dürfen bis zu einer Dauer von vier Monaten gesperrt werden?
12. Welche Verpflichtungen haben Waldbesitzer beim Auftreten von Forstschädlingen?
13. Unter welchen Voraussetzungen ist die „Waldweide“ gestattet?
14. Welche forstrechtlichen Regelungen müssen beim Forststraßenbau beachtet werden?

STICHWORTVERZEICHNIS

LITERATURNACHWEIS

Bücher und Broschüren

Amschl, B., „Österreichs Wald“, BMLF

Arnold, G. u. a., „Lernbehelf für die forstliche Fachausbildung“, Landwirtschaftskammer für Oberösterreich und Bundesforschungs- und Ausbildungszentrum für Wald, Naturgefahren und Landschaft (BFW)

Auinger, D. u. a., „Holzernte im Schleppergelände“, Methodische Arbeit 4, FHP Kooperationsplattform Forst Holz Papier

Hafner, F., „Österreichischer Wald in Vergangenheit und Gegenwart“, Österreichischer Agrarverlag, Wien

Hufnagl, H., „Der Waldtyp“, Innviertler Preßverein, Ried

Hufnagl, H., Puzyr, H., „Grundbegriffe des Waldbaus“, Verlag Fromme & Co., Wien

Leitner, T. u. a., „Österreichisches Forstjahrbuch 2017“, Österreichischer Agrarverlag, Wien

Loschek, J. u. a., „Holzernte in der Durchforstung, Schleppergelände 1 und 2, Arbeitsgestaltung und Planung“, FHP Kooperationsabkommen Forst-Platte-Papier

Loschek, J. u. a., „Holzernte in der Durchforstung – Kostenrechnung“, Kooperationsabkommen FPP (1)

Mayer, H., „Waldbau auf sozialökologischer Grundlage“, Gustav Fischer Verlag, Stuttgart

Mayer, P., „Durchforstung 2.0“, BFW-Praxisinformation Nr. 3/2014. Bundesforschungszentrum für Wald

Pfemeter, Ch., „Bioenergie Atlas Österreich“, Österreichischer Biomasseverband, Wien

Reh, M. u. a., „Standortsgerechte Verjüngung des Waldes“, Landwirtschaftskammer Österreich, Holzinformationsfonds

Reininger, H., „Zielstärkennutzung“, Österr. Agrarverlag, Wien

Sandler, J., „Holz richtig ausgeformt – höherer Erlös“, FHP Kooperationsplattform Forst Holz Papier

Sperrer, S. u. a., „Holzernte im Schleppergelände“, Organisation 3, FHP Kooperationsplattform Forst Holz Papier

Wall, H., „Laubholz richtig ausgeformt“, Landwirtschaftskammer Österreich

Weinfurter, P., „Waldbau in Österreich auf ökologischer Grundlage. Eine Orientierungshilfe für die Praxis“, Landwirtschaftskammer Österreich und LFI Österreich

Informationsschriften

„Forst Jahrbuch 2017“, Österreichischer Agrarverlag, Wien

„Jahresbericht über die österr. Forstwirtschaft“, BMLF, Wien

Kirisits, T., Cech, T. L., „Die Symptome des Eschentriebsterbens“, IFFF, Universität für Bodenkultur und BFW, 2010)

„Österreichischer Waldbericht 2015“, BMLFUW, Wien

„Österreichisches Forstjahrbuch 2016“, Österreichischer Agrarverlag, Wien

Prem, J., „Österreichs Wälder 2017“, BMLFUW, Wien

Prem, J., „Österreichischer Waldbericht 2015“, BMLFUW, Wien

„Schriften und Broschüren zur Arbeitssicherheit und Unfallverhütung“, SVB, Wien

Steyrer, G. u. a., Leitfaden zur Abwehr von Borkenkäferschäden, Schwerpunkt Fichtenborkenkäfer (BFW)

„Wertastung – Der Weg zum Qualitätsholz“, Landwirtschaftskammer Österreich, 2014

Internet

BFW – der forstliche Partner für die Praxis (https://bfw.ac.at)

Grünwald, W., „Wie viel Holz steht in meinem Wald?“, URL: https://www.lagerhaus.at/wie-viel-holz-im-wald+2500+1066813 (abgerufen am 04.12.2017, 14:17 Uhr)

ANHANG

Stichprobennummer: _____________

Zählfaktor:	3,9	$k = (50 * B / L)^2$
Daumen- bzw. Plättchenbreite [cm] B:		2,3
Arm- bzw. Stablänge [cm] L:		58,2

Baumnummer	Baumart BA	Grundfläche G [m^2/ha]	Baumnummer	Baumart BA	Grundfläche G [m^2/ha]
1	Fichte	3,9	13		
2	Fichte	3,9	14		
3	Tanne	3,9	15		
4	Fichte	3,9	16		
5	Fichte	3,9	17		
6	Fichte	3,9	18		
7	Tanne	3,9	19		
8	Fichte	3,9	20		
9	Tanne	3,9	21		
10			22		
11			23		
12			24		

Summe	Grundfläche G [m^2/ha]	gemessene Mittelhöhe H [m]	Formzahl F aus Tabelle	Volumen [Vfm/ha] = G x H x F
Baumart 1: Fichte	3,9 x 6 = 23,4	30	0,45	315,9
Baumart 2: Tanne	3,9 x 3 = 11,7	29	0,47	159,4
Baumart 3: ___________				
	Hektarvorrat [Vfm/ha] = BA 1 + BA 2 + BA 3			475,3
Bestandesfläche:	0,8	Bestandesvorrat: = Hektarvorrat x Bestandesfläche		<u>380,2</u>

Aufnahmeblatt für Winkelzählprobe von S. 140